KB185318

요즘 엄마, 요즘 아빠를 위한

초등 1학년
입학 준비

요즘 엄마, 요즘 아빠를 위한

초등 1학년 입학 준비

이진영 지음

i-Scream media

모든 초등학교 1학년 가정의
새로운 출발을 응원하며

1학년 담임교사를 오랜 기간 맡아 오면서 학부모님들에게 가장 많이 들은 말이 있습니다.

"아직도 아기 같은데, 학교에서 잘 지낼지 모르겠어요."

"사실 걱정이 많이 돼요. 집에서는 어리광만 피우거든요."

젖먹이 아기였던 아이가 어느새 초등학교 입학을 앞두고 있을 정도로 성장했다는 기쁨과 대견함도 있지만, 부모로서 아이가 학교에서 잘 지낼지 걱정이 앞서는 것이 사실이죠. 특히 첫아이를 초등학교에 보내는 학부모님들은 더 걱정되고, 더 불안한 마음이 들 수 있습니다.

"아이가 1학년이면 부모도 1학년이다."

이런 유명한 말이 있죠? 초등 1학년 아이야 당연히 서툴겠지만, 부모 역시 학부모로서는 서툴 수 있다는 말입니다. 초등학교라는 새로운 환경에서 아이가 여러 시행착오를 겪으며 적응하는 만큼, 부모도 아이 1학년 시기에 학부모로서의 역할에 적응해 나갑니다.

아이의 입학은 부모의 생활이 지금까지와 달라지는 것을 의미하기도 합니다. 특히 맞벌이 부모의 경우 아이의 입학을 계기로 부모 중 한쪽이 직장을 그만두기도 합니다. 방과 후 과정이 이어지는 어린이집, 유치원과 달리 이른 하교를 하는 일반적인 초등학교에서는 부모님의 퇴근 시간까지 아이가 있을 곳이 없기 때문입니다. 급한 대로 매일 여러 학원을 전전하다가 아이가 아프거나 학원비 부담이 커지는 등 이런저런 사정이 생기게 되면 맞벌이 가정으로 버티기 힘들어지는 것이죠.

다행히 휴직을 사용할 수 있는 직장이라면 되도록 아이의 초등학교 입학 시기에 맞추어 휴직을 사용하라는 조언도 주변 선배 학부모들에게서 종종 들으셨을 겁니다. 그만큼 자녀가 초등학교 적응을 하는 1학년 시기에 부모가 직장 생활을 병행하는 것은 쉽지 않습니다.

선배 학부모에게 이런 이야기도 자주 들으실 거예요.

"학교 가면 유치원이랑 어린이집 보낼 때가 좋았다고 할 거야."

맞벌이가 아니더라도 아이가 초등학교 입학을 하면 부모가 신경 쓸 일이 더 늘어난다는 뜻이죠. 주변 선배 학부모들의 초등생활 만만치 않다는 이야기를 들으며 걱정되는 마음에 유튜브와 육아 서적을 찾아보지만, 알면 알수록 부모로서 너무 많은 것들을 신경 쓰고 챙겨야 한다는 것에 마음이 불편해지고 걱정만 커집니다.

아이의 초등학교 입학은 부모에게 기대보다는 걱정으로만 다가와야 할까요? 부모가 나 자신의 삶을 포기하지 않으면서 아이도 올바르게 양육할 수는 없는 걸까요?

여러 정보의 홍수 속에서 일과 양육을 함께 하는 것, 또는 '나'로서의 삶을 살면서 '부모'로서의 삶을 충실히 사는 것이 욕심일까, 하는 마음이 여러 번 들 수 있습니다.

실제로 이런 마음을 털어놓으며 직장을 그만둬야 할지 고민하시던 학생의 어머님께 이렇게 말씀드렸습니다.

"어머님, 일 안 그만두셔도 돼요. 아이 잘 크고 있고 잘 클 거예요. 너무 걱정하지 마세요."

이런 마음을 담아 책을 쓰기 시작했습니다. 이 책은 육아와 직장 생활을 병행하는 맞벌이 가정의 부모님들, 그리고 자신의 삶을 가꾸는 동시에 아이를 바르게 양육하고 싶은 모든 부모님을 위해 쓴 책입니다. 무척 바쁜 요즘 엄마, 요즘 아빠들이 수많은 초등교육 정보 속에서 핵심을 고를 수 있는 방법들부터 아이의 입학을 앞두고 궁금하지만 차마 담임선생님에게 직접 물어보기 어려워하는 질문들을 저의 오랜 1학년 담임 경험을 토대로 담았습니다.

부모의 삶이 바로 서야 아이들도 그런 부모를 바라보며 스스로의 삶을 꾸려 나갈 수 있습니다. 이 책이 초등 입학을 앞두고 걱정하던 부모님들에게 응원의 편지로 전해지기를 바랍니다.

CHAPTER 2. 우리 아이, 이제 학교에 가요

CHAPTER 3. 안녕! 1학년 교과 학습 준비

CHAPTER 4. 엄마 아빠도 학부모는 처음이야

CHAPTER 1

초등학교
입학을
앞두고 있어요

PART
1

우리 아이,
학교 갈 준비

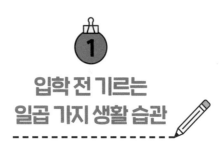

입학 전 기르는
일곱 가지 생활 습관

 예비 학부모님들은 우리 아이가 초등학교 입학 전에 무엇을 할 줄 알아야 하는지, 미숙한 부분들로 인해 학교에서 어려움을 겪지는 않을지 걱정합니다. 입학 전 시기에 학업보다 우선하여 챙겨야 할 것은 바로 아이가 마음먹은 대로 자신의 몸을 움직일 수 있고, 규칙적인 생활 습관을 가질 수 있도록 도와주는 일입니다.

 요즘 육아와 보육은 아이 한 명 한 명의 발달 속도와 특성에 맞춰 줍니다. 아이가 스스로 해낼 수 있을 때까지 기다려 주는 분위기죠. 모든 아이의 적응을 돕는다는 점에서 분명 긍정적인 흐름입니다. 하지만 보편적인 시기별 발달 정도의 기준이 모호해진 면도 있습니다.

 그러나 초등학교는 만 7세의 아이들이 입학하는 기관으로, 특수 교육 대상자나 발달 지연 아동이 아니라면 이 시기에 당연히 갖춰야 한다고 기대되는 조작 능력과 생활 습관이 있습니다. 또한 1학년뿐 아니라 6학년 아이들도 함께 생활하는 곳이기에 초등학교 환경은 1학년 아이들에게 맞춰져 있지 않습니다.

그럼 학교에서 기대하는 기본 조작 능력과 생활 습관은 무엇이고, 또 어떻게 준비하면 좋을까요? 먼저 원활한 학교생활을 위해 입학 전 준비할 일곱 가지 생활 습관을 소개합니다!

⦂ 아침에 일찍 일어나기

등교 시간에 지각하는 아이들이 반마다 두셋씩은 있습니다. 지각하는 아이들은 일주일에 두세 번씩 반복적으로 하는 경우가 많고요. 초등학교는 의무교육기관이기에 출석 사항이 학적에 엄격하게 기록됩니다. 주로 지각, 조퇴, 결석으로 표기하는데, 그 이유도 적어 둡니다. 만약 별다른 이유 없이 지각을 반복한다면 지각 사유는 '태만'으로 기록되지요.

사실 기록보다 더 큰 문제는 아침을 기분 좋게 시작하지 못한다는 데에 있습니다. 지각하는 아이는 이미 눈치 보는 표정으로 교실 문을 열며 들어옵니다. 지각한다고 크게 벌을 주지는 않는다고 해도 "○○아, 지각이다. 일찍 다녀야지"라는 꾸중을 듣게 됩니다. 부모님도 아침에 꾸물거리는 아이에게 저절로 잔소리를 하게 되죠. "얼른 일어나야지."

"빨리 옷 입어!"

그런 아침이면 엘리베이터가 늦게 오고, 학교 가던 도중에 아이가 화장실에 가겠다고 하거나 횡단보도 신호에서 걸려 꼭 5분씩 학교에 늦게 들어가게 됩니다. 지각한 아이의 뒷모습을 보며 선생님께 혼이 나면 어쩌지, 하고 속앓이를 하는 부모님들도 아침부터 기분이 좋지 않습니다.

위와 같은 상황을 피하기 위해서 아이의 3월 입학 전에 두 가지를 연습해 두면 도움이 됩니다.

유치원, 어린이집 제시간에 가기

지금 유치원이나 어린이집을 다니고 있나요? 그렇다면 유치원과 어린이집에 제시간에 가는 연습을 하는 것이 가장 좋습니다. 몇 시든 정해진 시간에 늦는 것은 습관에 가깝습니다. 어린이집과 유치원의 등원 시간을 잘 지켜서 간다면 학교에서도 쉽게 지각하지 않습니다.

2주 전부터 일찍 자고 일찍 일어나는 습관 만들기

유치원과 어린이집의 졸업식은 보통 2월 첫째 주쯤에 열립니다. 졸업식 이후에 가정 보육을 하는 기간이 길어지면서 아이의 생활 패턴이 무너지는 경우가 많습니다. 다음 날 가야 할 곳이 없으면 어른들과 비슷하게 자정이 넘어서 자고 아침 10시에야 일어나는 아이들도 있죠.

생활 패턴을 학교생활에 맞추기 위해서는 2주 정도의 시간이 필요합니다. 입학 전 2주 동안 일찍 자고 일어나는 것을 연습하다 보면, 자고 일어나는 시간이 조금씩 앞당겨집니다.

"선생님, 아이에게 일찍 자고 일찍 일어나라고 아무리 얘기해도 말을 듣질 않아요. 이럴 때는 어쩌죠?"

이런 고민을 하시는 경우가 있습니다. 도무지 말을 듣지 않고, 학교에 입학하고 나서도 아이가 늦잠을 자기 일쑤라는 것이죠. 사실 이럴 때 쓰는 필살기가 있습니다. 바로 아이가 잠들었으면 하는 시간에 부모님이 다 함께 잠자리에 드는 겁니다. 아이들은 어른을 따라가게 되어 있습니다. 2~3일만 함께 잠들어도 아이의 수면 패턴이 확실히 잘 잡힙니다. 잠자는 시간 때문에 아이와 반복된 갈등이 있거나 좀처럼 아이가 말을 듣지 않을 때 시도해 보세요. 가장 효과가 좋은 방법입니다.

⚇ 매운 음식 적응하기

초등학교 급식은 전 학년 아이를 위한 것입니다. 식단표도 이 모든 아이를 고려하여 짜입니다. 물론 학교 급식은 저학년을 생각해 큰 반찬들은 작게 자르고, 생선의 가시도 최대한 제거하여 제공됩니다. (그래도 생선 가시가 완벽하게 제거되지 않는 경우가 드물게 있어 생선이 나오면 천천히 살펴서 먹으라고 꼭 얘기해 줍니다. 부모님도 한번 얘기해 주세요!)

그러나 중고학년도 고려하기 때문에 하루에 적어도 두 가지 반찬,

또는 국에 고춧가루나 고추장이 들어갑니다. 물론 학교 급식이기 때문에 영양 교사와 영양사의 주도 아래 매운맛이 제한되어 있어 어른의 입맛에 맞을 만큼 맵지는 않습니다. 그래도 어린이집이나 유치원에서 순한 음식만 먹어 온 아이들 입맛에는 다소 맵게 느껴질 수 있습니다.

우리 아이는 어떤가요? 매운 음식을 먹을 수 있나요? 혹시 매운 음식을 전혀 못 먹나요? 그럴 수 있죠. 음식은 취향이니까요.

하지만 한국인이라면 누구나 알 겁니다. 우리나라에서 매운 음식을 제하면 음식 가짓수가 상당히 줄어든다는 것을요.

아이들 급식도 마찬가지입니다. 매운 음식을 아예 못 먹는다면 먹을 수 있는 반찬 수가 크게 줄어듭니다. 김치류는 거의 매일 나오고 메인 반찬도 이틀 걸러 한 번씩은 꼭 매콤한 종류로 나옵니다. 아이의 영양을 위해서라도 매운맛에 익숙해지게 해 주어야 합니다. 가정에서 아이에게 매운 음식을 가볍게 맛보여 주면서, 초등학교에 들어가면 매운 음식이 좀 나올 거야, 라고 이야기해 주는 정도면 충분합니다.

아이들을 보니 처음에는 잘 못 먹더라도 친구들과 함께 생활하며 매운 것을 하나씩 먹다 보면 어느새 적응을 하더라고요. 매운 것을 아예 못 먹는 학생이 아니라면 학교에서 자연스럽게 접하면서 성장할 수 있습니다.

여담이지만, 1학년 아이들은 좀 어른스럽게 보이고 싶어 해서 매운 음식 먹는 것을 자랑하는 경우가 많습니다.

"저 집에서 불닭볶음면도 먹어 봤어요!"

"신라면은 그렇게 안 맵잖아요?"

매운맛에 대한 꼬마들의 귀여운 허세(?)를 매년 빠짐없이 듣고 있습니다. 친구의 말을 듣고 매운맛에 도전 정신이 생기는, 귀여운 1학년들입니다.

🚽 공용 화장실 혼자 사용하기

대부분의 초등학교에는 양변기가 설치되어 있고 비데가 없습니다. 또 공용 화장실이 보통 그렇듯 화장실의 정가운데 조명이 있다 보니, 화장실 문으로 그늘이 생겨서 칸 안쪽이 바깥보다는 약간 어둡습니다. 감각이 예민하여 화장실 변기를 차갑다고 느끼거나 좁은 공간에 혼자 있는 걸 아직 무서워하는 아이들은 화장실 사용을 불편해합니다.

그런 이유로 백화점, 마트, 공원 등 집이 아닌 곳에서 화장실을 혼자서 사용할 수 있도록 아이에게 자주 기회를 주는 것이 좋습니다. 부모가 동행한 상황에서 아이가 공용 화장실 칸에 혼자 들어가 용변을 보고 옷도 추스르며 물도 내려 보는 것이죠. 가장 신뢰하는 부모와 함께 경험해 보는 것입니다. 그 경험들의 목표는 공용 화장실을 혼자 이용해도 별일이 없다고 느끼게 하는 것입니다. 아이가 '무서운 일도 일어나지 않고, 견딜 만한 불편함이구나' 하고 느꼈다면 성공입니다.

⚇ 용변 처리 스스로 하기

용변 처리는 공용 화장실 혼자 사용하기와 더불어 많은 부모님이 걱정하는 부분입니다. 혹시 아이가 용변을 대강 닦고 나와 속옷에 묻지는 않을까, 아이가 뒤처리에 부담을 느껴서 대변을 억지로 참지는 않을까 하고요.

학교에서도 3월 첫날에 가장 먼저 가르치는 것이 화장실 사용법입니다. 그렇지만 초등학교 1학년 담임선생님이 화장실에 따라가서 아이의 엉덩이를 살펴 잘 닦았는지 확인하기는 어렵겠죠.

초등학교는 유아 기관보다 교사와 학생 사이의 성 관련 사안에 상당히 예민합니다. 고소와 고발 같은 큰 문제로 번지는 경우도 있어 초등교사가 아이의 용변 처리에 직접적인 도움을 주기가 어려워졌습니다.

또한 1학년은 아이가 수치심을 느낄 만큼 자아가 확실히 생기고, 스스로 용변을 처리하는 것이 가능한 시기입니다. 따라서 초등학교에 입학하기 전, 아이가 스스로 대변 뒤처리를 꼼꼼히 할 수 있도록 연습해야 합니다. 이러한 과정은 사실 아이의 자존감과 자립심을 위해서도 반드시 필요한 것입니다. 만 7세 아이들은 연습을 통해 서툴지만 충분히 스스로 뒤처리를 할 수 있습니다.

물론 아무리 가르쳐도 어리다 보니 꼼꼼하게 닦지 못하고 실수할 때가 있습니다. 어떤 부모님들은 아이의 속옷에 흔적이 남는 게 꺼려져서 항상 도와주기도 합니다.

그러나 초등학교는 아이가 어른들의 관심 속에서 홀로서기를 시작하는 곳입니다. 그동안 아이를 키워 온 부모님이 가장 잘 알고 있듯 아이들은 기회를 주는 만큼, 시행착오를 겪는 만큼 할 수 있는 것들이 늘어납니다. 실수할 수 있을 때 실수하게 해 주는 것이 중요하지요.

만약 아이가 실수하면 이렇게 이야기해 주세요. "엄마(아빠)가 보니까 팬티에 응가가 좀 묻었더라. 다음에는 세 번만 더 닦으면 훨씬 깨끗하게 잘 닦을 수 있을 것 같아. 이제 혼자서 뒤처리도 하고 아주 기특하다! 잘했어." 고칠 부분을 얘기해 주면서, 아이의 노력을 알아주고 격려해 주면 잘 따라 줄 겁니다.

이 과정이 생략되어서 아이가 꼼꼼히 뒤처리 하는 법을 익히지 못한다면 학교생활의 초반에 어려움을 겪을 수 있습니다. 아이가 학교에서 용변을 억지로 참거나 스스로 용변 처리를 못하는 것 때문에 자존감이 떨어질 수 있지요.

이와 동시에 일반적인 화장실 사용법을 같이 숙지시켜 주면 아이가 혼자서도 바르게 화장실을 사용할 수 있습니다. 예를 들면 물티슈를 화장실 변기에 버리면 안 된다는 점, 물은 끝까지 내려야 한다는 점을 부모님과 익히다 보면 혼자서도 지키게 되는 것이죠. 물 내리는 소리가 무섭다고 물을 안 내리고 후다닥 뛰어나오는 아이도 있거든요. 많은 사람이 함께 사용하는 화장실에서 지켜야 할 점을 알려 준다면 자연스럽게 공공 예절을 지키는 어린이로 자랄 수 있습니다.

⚌ 쇠 수저 사용하기

초등학교에서는 공용 쇠 수저를 사용합니다. 포크는 당연히 없습니다. 작은 사이즈의 숟가락과 젓가락도 아니고, 어른들이 사용하는 사이즈의 쇠 수저입니다. 그러나 입학을 앞둔 아이들에게 큰 쇠 수저, 특히 쇠젓가락은 익숙하지 않죠.

초등학교에 들어오면 쇠 수저를 일괄적으로 사용하기 때문에 입학 전 가정에서 쇠 수저로 밥을 먹는 연습을 하면 도움이 됩니다. 만약 작은 젓가락을 사용하고 있다면 큰 쇠젓가락으로 먹는 연습을 하면 되고요. 그리고 집에서 연습할 때 꼭 알아 두어야 할 것이 있습니다.

완벽한 젓가락질이 목표가 아니라는 점입니다. 만 7세 아이들은 손의 소근육이 발달되고 있는 시기이므로 젓가락질을 완벽하게 하기는 어렵습니다. 목표는 단 하나입니다.

학교에서 쇠젓가락으로 어설프게라도 밥은 먹을 수 있게 하자!

혹시나 밥을 못 먹으면 어쩌지 하는 마음으로 학교에 일명 '에디슨 젓가락'이나 작은 숟가락과 포크를 챙겨 보내 주는 부모님들이 종종 있습니다.

아이의 개인 수저 사용이 가능하기는 합니다. 실제로 학부모님의 문의가 오면 가능하다고 안내하고, 한두 명은 챙겨 오기도 했습니다. 코로나19 시기에는 감염 우려 때문에 아이들 대부분이 개인 수저를 챙겨 와서 먹는 것이 일상이기도 했고요.

하지만 이 방법을 추천하고 싶지는 않습니다. 아이가 쇠 수저로 먹는 것은 조금 어렵더라도 결국 적응해 나가야 하는 부분이기 때문이죠. 과도한 수준이 아니라면 아이는 환경에 적응하는 경험이 반드시 필요합니다.

성장하는 과정에서 환경에 적응해 나가는 경험이 부족하다면 세상이 자신에게 맞추기를 바라기 쉽습니다. 불편하더라도, 연습이 많이 필요하더라도, 쇠젓가락으로 어설프게 먹어 보는 경험을 꼭 해 봤으면 좋겠습니다.

어른들의 걱정과 달리 학교에서 아이들은 대부분 잘 적응하여 쇠 수저로 밥을 먹습니다. 또 3~4월의 1학년 수업에는 젓가락 사용법을 배우는 시간이 있으니 크게 걱정하지 않으셔도 괜찮습니다.

🥛 우유갑 열기

우유 급식을 하는 학교를 다니는 아이들은 매일 우유를 마십니다. 최근 가정에서 준비해 주는 음료들에는 대부분 빨대가 있다 보니, 아이들이 우유갑 열기를 어려워합니다. 경험이 없기 때문입니다.

만약 우리 아이가 한 번도 우유갑을 열어 본 적이 없나요? 그렇다면 지금부터 연습하면 됩니다.

물론 '우리 아이가 갈 학교에는 우유 급식을 안 하니 괜찮아요'라고 얘기하는 부모님도 있겠죠. 코로나19 이후에 우유 급식을 하지 않는 학교들도 많아졌으니까요. 감염병에 대한 걱정으로 중단되었던 우유 급식 상황이 여전히 이어지고 있어요. 그럼에도 우유갑 열기는 아이가 스스로 할 줄 알아야 하는 조작 활동입니다.

우유갑을 스스로 열 수 있어야 마트나 편의점에서 우유갑 형태의 다양한 음료를 자신감 있게 고를 수 있습니다. 자신이 스스로 먹지 못하는 형태의 음료는 아무래도 고르기가 망설여지지요. 선택권이 넓어지고, 혼자서도 할 수 있는 것이 점점 늘어나는 경험은 아이의 자존감을 탄탄하게 만들어 줄 겁니다.

신발 끈 묶기

초등학교 1학년들 중에서 신발 끈을 못 묶는 아이가 상당히 많습니다. 체육이나 놀이를 하다가 신발 끈이 풀린 아이들의 신발 끈을 매주는 건 1학년 담임선생님의 일상이기도 합니다.

신발 끈은 리본으로 묶는 것이 보통이고 리본 묶기는 복잡한 과정을 거쳐야 하니 아이들이 어렵게 느낄 수밖에요. 그래서 1학년 아이들이 신는 신발을 보면 찍찍이라고 부르는 벨크로 신발이나 여미는 장치가 아예 없는 신발 스타일이 많습니다.

그렇지만 아이들이 언제까지고 끈 있는 신발은 못 신겠다, 피할 수만은 없는 노릇입니다. 아이가 리본 묶기를 어려워한다면, 입학 전에 끈을 매듭짓는 것만이라도 익히는 것이 좋습니다.

리본 묶기는 1~2학년 기간 동안 가정에서 틈틈이 연습하며 익히는 것이 꼭 필요합니다. 리본 묶기처럼 손가락의 감각을 예민하게 느끼면서 섬세하게 조작하는 법은 부모의 자세한 가르침과 안내로만 키울 수 있습니다. 어린이집 등 유아 기관이나 학교에서도 배울 수 있지만, 가정만큼 아이에게 다양한 기회를 주고 인내심 있게 지켜봐 주는 곳은 없습니다. 아이가 일상 속에서 여러 도전을 할 수 있도록 아이의 속도와 상황에 맞춰 기다려 주는 것은 함께 생활하는 보호자만이 할 수 있는 일이자 특권입니다.

이런 일이 '도전'이 될 수 있냐는 얘기를 하는 분도 있는데요. 이 시기의 아이들에게 도전은 거창한 일들을 완수하는 것이 아닙니다. 매일매일의 생활 속에서 스스로 옷을 바르게 입기, 병뚜껑 돌려 열기, 우유갑 열기, 신발 끈 묶기 등이 해내야 할 과제이자 곧 도전입니다. 아이는 스스로 할 수 있는 일들의 목록을 천천히 늘려 가며 자립해 나갑니다.

입학 전 기르는 운동신경
① 소근육 운동

"선생님, 우리 아이가 손 사용이 유독 더뎌서 속이 터져요. 어떻게 하죠?" 종종 이런 질문을 하는 저학년 학부모님들이 있습니다.

단추 채우기, 지퍼 올리기, 글씨 쓰기, 색종이 접기 등 일상생활에서 손과 손가락의 정교하고 세밀한 움직임과 관련된 근육을 소근육이라고 합니다. 어릴 때부터 큰 움직임을 관장하는 대근육과 함께 발달하기 시작하는 소근육은 만 5~7세 시기에 폭발적으로 성장합니다.

그러나 아이들마다 성장 속도가 다르다 보니, 손을 어디까지 자유자재로 사용할 수 있는지는 또래 아이들 간에도 큰 차이가 생길 수 있습니다. 어떤 아이들은 대부분의 일을 어른의 도움 없이도 스스로 해내지만 어떤 아이들은 특별한 발달상의 문제가 없더라도 다른 사람의 도움을 받아야 하기도 합니다.

학교에서 여러 친구들과 함께하는 동안 다른 사람의 도움을 받아야만 해결할 수 있는 일들이 많아지면, 아이는 스스로 도전하기보다는 다른 사람에게 쉽게 도움을 요청하게 됩니다. 반대로 혼자서 내 생활을 챙기고, 할 수 있는 것들이 많아지면 아이는 해낼 수 있다는 자신감으로 가득 차게 됩니다.

손 조작 활동은 어른들이 곁에서 인내심 있게 지켜보며 기회를 줄 때 비로소 길러집니다. 학교에서도 아이의 소근육이 잘 발달될 수 있도록 가위, 풀 등 여러 학용품을 통해 꾸준히 기회를 주지만, 아이가 입학 전에 충분히 연습하고 오면 더욱 좋습니다. 소근육 발달은 하루아침에 완성되는 것이 아니기 때문입니다. 아이가 걷기 전에 무수히 많은 일어서기 연습이 필요하듯이 소근육 발달은 긴 시간에 걸쳐서 일어납니다. 만 5세부터 초등학교 저학년까지가 소근육 발달의 골든타임이니, 이때 많은 자극을 주면 학교생활에 큰 도움이 됩니다.

다음은 소근육 발달을 도와줄 대표 활동들입니다.

⚇ 종이접기

종이접기는 색종이와 손만으로 작품을 만들어 냅니다. 1학년 아이들과 종이접기를 하다 보면, 색종이를 네모 모양, 세모 모양이 되게 반으로 접는 것도 잘 못 하는 경우가 많습니다. 색종이를 한 손으로 고정한 다음, 접히도록 반대 손으로 꾹 눌러 주지 못해서입니다.

종이접기 유튜브 영상을 보면서 혼자서도 쓱쓱 접는 아이들도 있지만, 대부분의 아이들은 종이접기를 할 때 보호자가 아이 곁에 있어 줘야 합니다. 특히 종이접기 경험이 많지 않거나 종이접기를 어려워하는 아이들에게는 아래의 종이접기 포인트들을 짚어 이야기해 주세요.

- 접기 전에 맞춰 놓은 부분이 움직이지 않게 한쪽 손으로 종이를 누르며 고정시킬 것
- 접을 부분의 가운데를 한 번 눌러 주어 접는 선의 기준을 만들어 줄 것
- 세지도, 약하지도 않은 적당한 힘으로 접는 선을 따라 밀어 줄 것

종이접기에 서툴수록 보호자가 곁에서 일대일로 함께해 주는 것이 가장 중요합니다. 쉬운 색종이 접기 몇 가지를 스스로 외우고 접을 수 있을 때부터 혼자서 종이접기를 할 수 있습니다. 보통 흥미를 느껴야 잘한다고 생각하는데, 아예 거부하는 경우가 아니라면 아이들도 어느 정도 수준에 올라야 흥미를 더 느낍니다.

🔖 종이접기 크리에이터 추천

색종이 연구소

 ## 색종이 연구소 origami

유튜브 '색종이 연구소'는 장난감, 꽃, 동물 등 아이들이 좋아할 만한 주제의 다양한 종이접기 영상을 올리는 채널입니다. 종이접기를 처음 시작하는 아이도, 조금 난도 높은 종이접기에 도전해 보려는 아이도 보고 따라 할 수 있는 종이접기 영상이 많습니다.

쑥유치원

 ## 쑥유치원

유튜브 '쑥유치원'은 그림책 낭독 영상과 종이접기 영상을 주로 올리는 채널입니다. 쉬운 종이접기 영상이 다양하여 종이접기에 익숙하지 않은 아이들도 쉽게 따라 할 수 있습니다.

🎨 색칠하고 만들기

여러 도안을 색칠하고 자르고 만들기 하는 과정도 아이의 소근육 발달에 큰 도움이 됩니다. 최근에는 많은 크리에이터가 유튜브, 블로그 등에 무료 도안을 제공해 아이들이 다양한 작품들을 만들 수 있게 돕습니다. 또 유튜브 영상을 통해 만드는 과정까지 자세하게 볼 수 있지요.

다양한 도안들을 보며 아이의 수준에 맞는 도안을 프린트해 따라서 만들어 볼 수 있는데요. 한 가지 팁을 드리자면, 도안을 인쇄할 때는 일반 A4 용지보다는 120그램 정도 되는 A4 사이즈의 도화지에 인쇄하여 만드는 것이 좋습니다. 일반 용지보다 도화지가 두껍기 때문에 더 안정감 있게 만들기를 할 수 있습니다.

꼭 도안뿐 아니라 종이컵, 휴지심, 플라스틱 일회용 컵 등 재활용품을 이용해 만들 수 있는 작품이 많습니다. 종이로만 색칠하고 접어서 만드는 것보다 재활용품을 활용한 만들기가 훨씬 입체적이라 아이들이 더 큰 재미를 느끼기도 합니다.

🔶 만들기 크리에이터 추천

팅은샘의 미술놀이

 팅은샘의 미술놀이

유튜브 '팅은샘의 미술놀이'는 종이 도안을 색칠하고 오려서 만드는 작품 영상을 주로 올리는 채널입니다. 크리스마스, 스승의 날 등 기념일에 맞는 만들기 영상이 많아 아이와 함께 시기에 맞는 만들기를 할 수 있습니다.

꼼지락 미술샘 KJT

 꼼지락 미술샘 KJT

유튜브 '꼼지락 미술샘 KJT'는 종이컵, 빨대, 종이 접시 등 다양한 재료들을 활용한 만들기 영상을 올리는 채널입니다. 일회용 테이크아웃 컵과 휴지심 등 재활용품으로 만드는 작품 영상도 많습니다.

🎱 우리 아이 수준보다 약간 어려운 블록 놀이

종이접기나 색칠하기를 거부하는 아이들이 있습니다. 잘 못해서 흥미를 느끼지 못하는 경우도 있지만, 자기 취향이 아니라서 해야 할 이유를 못 느끼기 때문입니다.

종이접기, 만들기 등을 좋아하지 않는 아이들에게는 소근육 발달에 도움이 되는 블록을 추천하고 싶습니다.

이미 우리 아이가 블록을 사용하고 있다고요? 블록도 다 같은 블록이 아닙니다. 블록의 종류는 무척 다양하며, 크기에 따라 만들기에 드는 시간과 필요한 조작 능력의 수준도 상당히 다양합니다. 보통 블록한 조각의 크기가 크면 클수록 다루기 쉽고, 블록 한 조각의 크기가 작으면 작을수록 섬세한 표현이 가능하며 맞추기 어려워집니다. 특히 따라 해야 하는 완성 모습이 있는 블록은 거의 퍼즐에 가깝기 때문에 굉장히 오랜 시간이 걸릴뿐더러 섬세한 손 조작 능력까지 필요합니다.

아이가 잘 사용하는 블록을 관찰하여 조금 더 어려운 수준의 블록으로 놀 수 있도록 바꿔 보는 것도 도움이 됩니다.

우리 아이는 시작도 안 하려고 하는데 어쩌죠?

아예 시작조차 안 하려는 아이들이 있나요? 그렇다면 아이가 평소에 좋아하는 주제와 만들기를 연결시켜 주는 것이 좋습니다. 예를 들어 아이가 무기 만들고 싸우는 것을 좋아한다면 무기 만들기, 무기 종이접기를 하는 것이죠. 또 브롤스타즈 같은 캐릭터를 좋아한다면, 좋아하는 캐릭터 색칠하기를 할 수 있게 해 주는 것입니다.

이렇게 좋아하는 것과 종이접기, 색칠하기, 만들기 등을 연결 지으면 아이의 흥미가 훨씬 높아질 수 있습니다. 아이가 무엇을 좋아하는지부터 생각해 보세요.

완성된 아이의 작품은 어떻게 할까요?

종이접기, 만들기, 블록. 이 세 가지 활동 모두, 활동이 끝나면 작품이 완성됩니다. 가정에서 아이가 만든 작품들을 일정 기간 전시해 두면 아이에게 충분히 만들기의 의미를 부여할 수 있습니다. 핵심은 만들고 나서 흐지부지 어디론가 버려지는 것이 아니라, 일주일이나 열흘 등 약속된 기간 동안 가족들이 모두 볼 수 있는 곳에 잘 전시해 두었다가 스스로 정리하는 경험을 하게 하는 것입니다.

곧바로 버려지면 아이들이 만들기에 대해 쉽게 흥미를 잃는 계기가 되기도 합니다. 아이들의 만들기가 좀 더 의미를 가질 수 있도록 전시할 장소와 그 기간을 아이와 함께 정해 보기를 바랍니다.

입학 전 기르는 운동신경
② 대근육 운동

    초등학교 1학년 교육과정에는 다양한 놀이 및 체육 활동들이 있습니다. 굳이 놀이에 참여하지 않더라도 아이가 친구들과 무리 없이 활동할 수 있도록 초등학생이 되기 전에 기본적인 운동신경은 발달되어야 합니다. 이 운동신경은 어른들이 이야기하는 단순한 '센스'의 문제가 아닙니다.

    바로 아이의 몸속에 있는 큰 줄기의 대근육들의 발달과 관련이 있습니다. 대근육 발달은 아이가 얼마나 몸을 잘 쓰는지, 리듬감을 가지고 있는지를 보며 짐작할 수 있습니다. 아이의 대근육이 잘 발달되고 있는지, 운동신경은 어떤지 알고 싶다면 다음의 체크리스트를 통해 살펴보세요.

대근육 운동 발달 체크리스트

두 발을 모아서 줄넘기를 5회 이상 할 수 있는가?	☐
가까운 거리에서 공을 던지면 공을 잡을 수 있는가?	☐
공을 바닥에 튕겼다가 잡을 수 있는가?	☐
굴러가는 공을 발로 멈춰 세울 수 있는가?	☐
굴러오는 공을 발로 찰 수 있는가?	☐
한 발로 2미터를 이동할 수 있는가?	☐
한 발로 10초 이상 균형을 잡을 수 있는가?	☐
무릎 아래 높이로 매어져 있는 줄을 뛰어넘을 수 있는가?	☐

참조: 영유아 발달 선별 검사(K-DST)

아이가 다양한 방법으로 몸을 사용할 수 있는지를 묻는 항목들입니다. 보면서 어, 우리 아이가 못하는 것 같은데……라는 생각이 든다면, 혹시 못하는 게 아니라 안 해 본 건 아닌지 생각해 보세요. 바쁜 일상 중에 잠깐 시간이 났을 때 아이와 놀이터나 키즈카페에 가기는 쉽지만, 아이에게 줄넘기나 공놀이 등 운동을 시켜 볼 생각을 하기는 쉽지 않습니다.

아이와 같이 여러 운동을 하면서 운동신경이 발달될 수 있도록 도와주세요. 운동신경 발달뿐 아니라 아이가 정말 즐거워하고, 가족들과의 추억도 쌓을 수 있답니다. 초등학교 입학 전에 아이가 위의 항목을 모두 '달성'하려 하기보다 함께 한 번씩 해 보면서 운동신경을 길러 준다고 생각하면 큰 부담 없이 아이의 발달을 도울 수 있습니다.

아이의 운동신경을 기르기 위해 가정에서 아이와 부모가 함께하기 좋은 운동들을 소개합니다.

🏃 줄넘기

줄넘기는 줄넘기용 줄만 있으면 언제 어디서든 할 수 있는 운동입니다. 그래서 초등학교 1학년의 스포츠클럽 종목으로도 많이 활용되지요. 언제 어디에서나 할 수 있으면서도 1학년 아이들에게 꼭 필요한 운동신경을 기르기에도 적합한 운동이기 때문이에요.

1학년 아이들과 함께 줄넘기를 하다 보면, 두 발을 모아 한 번 뛰기도 어려워하는 아이들이 꽤 있습니다. 줄넘기를 하기 위해서는 뛰어야 한다는 머리의 명령과 실제로 뛰는 대근육이 빠른 시간 안에 연결되어야 하고, 줄넘기의 줄이 돌아가는 박자와 리듬에 맞춰 움직일 수 있어야 합니다.

처음엔 줄넘기를 상당히 어려워하지만, 줄을 넘기며 뛰어야 하는 감각을 익히면서 머리의 명령과 몸의 움직임이 박자를 맞추는 경험을 하게 됩니다. 몸이 만들어 내는 박자와 리듬감을 익히기에 딱 맞는 운동입니다. 10번, 20번, 30번 줄을 넘으며 단계적으로 성장하는 자신을 알 수 있고, 양발 모아 뛰기, 앞뒤로 팔 벌려 뛰기, 한 발로 뛰기 등 다양한 줄넘기 방법에 도전해 볼 수 있어 1학년 아이들이 참 좋아하는 운동이기도 합니다. 실제로 학교 방과 후 수업에서도 '음악 줄넘기' 부서가 인기가 많습니다.

⚙ 자전거 타기

두 발로 자전거 타기는 수평 감각이 어느 정도 발달해야 할 수 있는 운동입니다. 초등학교 이전에 두발자전거를 탈 수 있는 아이들이 많지만, 막상 학급 아이들에게 물어보면 모든 아이가 자전거를 탈 수 있는 것은 아닙니다. '자전거'라는 큰 준비물이 필요하기도 하고, 꽤 긴 시간을 들여서 가르쳐 주는 어른이 함께 해야 하는 운동이거든요.

가정에서 아이와 함께 할 수 있다면, 균형 감각을 기르고 손과 발이 동시에 리듬감 있게 움직일 수 있는 두 발로 자전거 타기를 연습해 보세요. 아이의 신체 발달과 감각 발달을 도울 뿐 아니라 두 발로 자전거 타기를 성공한 순간은 아이에게도 잊지 못할 추억으로 남을 겁니다.

⚙ 빅 배드민턴

빅 배드민턴은 운동신경이 덜 발달한 아이들도 즐겁게 참여할 수 있도록 만들어진 배드민턴의 변형 운동입니다. 배드민턴을 잘하는 만 7세도 있지만, 일반 배드민턴은 긴 라켓으로 작은 셔틀콕을 맞혀야 하기 때문에 아이에게는 어려운 운동입니다.

어린이들도 즐겁게 참여할 수 있도록 라켓이 짧고 셔틀콕이 큼직큼직하게 만들어졌습니다. 학교에서도 저학년 대상 배드민턴을 수업으로 진행할 때는 빅 배드민턴을 사용하는데요. 가정에서도 아이와 충분히 재미있게 즐길 수 있습니다. 아이가 만약 바닥으로 금방 떨어져 버리는 큰 셔틀콕을 치기 어려워한다면, 천
천히 바닥으로 떨어지는 풍선으로 시작
하여 난이도를 조절할 수도 있답니다.

엄마 아빠와 하는 것도 좋지만, 놀이
터에서 만난 아이의 또래 친구와 함께
하게 해 주는 것도 추천합니다. 부모님
과 하다 보면 아무래도 실력 차이가 확연히 드러나는데, 친구끼리는
엇비슷한 수준이기에 더 즐겁게 치게 됩니다.

꼭 위의 운동이 아니더라도 노는 시간이 충분히 확보된다면 아이들
의 운동신경은 저절로 길러지기 마련입니다. 운동장이나 놀이터에서
특별한 놀이나 운동을 알려 주지 않아도, 이 시기의 아이들은 모여서
놀이를 만들어 냅니다. 아이들끼리 놀 수 있는 시간을 최대한 만들어
주세요.

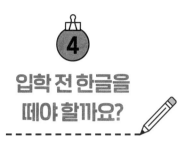

입학 전 한글을 떼야 할까요?

아이가 만 5세가 되면서 슬금슬금 신경 쓰이는 것. 한글입니다. 신경 쓰게 되는 이유는 다들 비슷합니다. 부모님의 입장에서는 이 시기에 유독 우리 아이와 비슷한 또래 아이가 한글을 줄줄 읽는 모습이 눈에 띕니다. 그 모습을 보면, 부모님은 눈만 동그랗게 뜨고 있는 우리 아이가 걱정되기 시작하죠. 주변의 이야기를 들어 보니 요즘에는 다들 한글 떼는 건 기본이고, 영어 학원에서 파닉스까지 떼고 입학한다고 합니다.

여기서 얘기하는 한글은 마치 '기본값'처럼 들립니다. 당연히, 마땅히 다 읽고 쓸 수 있어야 할 것 같죠. 그래서 이 시기 부모님은 마음이 급해집니다.

다른 아이들은 한글 떼고 학교 간다는데, 우리 애도 늦기 전에 한글 떼 준다는 학원이라도 보낼까? 유치원이나 어린이집에서는 한글 안 가르쳐 주나? 이런 생각이 저절로 듭니다.

보통 유치원이나 어린이집은 국가가 발표한 누리 교육과정을 바탕으로 기관과 교육과정을 운영하고 있습니다. 이 누리 교육과정에는 한글을 가르치는 내용이 없습니다. 국가가 한글은 초등학교 1학년 때부터 배우는 것으로 정했기 때문입니다.

물론 학부모의 요구나 원장님의 철학을 바탕으로 일부 기관에서는 방과 후 활동 등으로 한글을 가르치기도 합니다. 교육은 학부모와 기관의 철학을 따라가기에 한글 선행 교육에 대해서 무엇이 옳다 그르다 말하기란 어렵습니다. 다만 예비 학부모님들이 많이 신경 쓰는 부분인 만큼 한글을 책임 교육 하는 시기인 초등학교 1학년 담임교사로서 한글 교육에 대한 궁금증들에 답을 해 보려고 합니다.

⚇ 1학년 한글 수준이 궁금해요

"다른 애들은 한글을 얼마나 알고 학교에 오나요?"

우리 아이가 다른 친구들과 능력 차이가 날까 봐 한글을 알고 들어온 아이들이 교실에 얼마나 있는지 많은 부모님이 궁금해합니다.

우리 아이의 속도가 중요하니 본질은 아니지만, 신경이 쓰일 수밖에 없습니다. 사실 '한글을 뗐다'라는 표현이 애매하긴 합니다. '한글을 뗐다'는 상태가 보통 받침이 있는 글자를 읽고 쓸 수 있는 수준이라고 가정하면 이 정도라고 볼 수 있어요.

반 아이들의

→ 10퍼센트는 받침이 있는 글자를 읽고 쓰기에 모두 능합니다.

→ 60퍼센트는 받침이 있는 글자를 읽고 어설프게라도 쓸 줄 압니다.

→ 20퍼센트는 받침이 있는 글자를 읽기는 하지만 잘 쓰지는 못합니다.

→ 10퍼센트는 받침이 없는 글자는 더듬더듬 읽기는 하지만 잘 쓰지는 못합니다.

대부분의 아이들이 어설프더라도 받침이 있는 글자를 대략 읽고 쓸 줄 안다는 뜻이죠.

그러면 한글을 아는 아이들이 이만큼 많은데 왜 굳이 학교에서 한글 교육을 하는 걸까요? 1학년에 한글을 전혀 모르는 아이들이 있고, 한글을 미리 익혔다고 하더라도 여전히 한글 교육에서 익힐 것이 더 많기 때문입니다.

사실 어른들도 맞춤법을 틀리거나 어휘의 뜻을 잘못 아는 경우가 종종 있는데 한글을 배우는 아이들은 오죽할까요. 아이들이 한글을 아는 것 같더라도 오개념을 가진 경우도 많고, 다양한 용례와 문장을 알고 정석부터 차근차근 다시 배우는 것은 정확하게 한글을 사용하는 데에 큰 도움이 됩니다. 한글을 알고 입학해도 한글 수업을 통해 정확한 발음과 사용법, 다양한 한글 사용 사례를 배울 수 있습니다.

⁝ 만 5세 한글 배우기, 자연스러워요

그래서 학교 가기 전에 한글을 알고 가는 게 나쁘다는 건지 좋다는 건지 물으신다면, 솔직히 나쁘지 않다고 말씀드려요. 오히려 자연스럽습니다.

아이들은 태어나서 지금까지 한글에 노출되어 왔습니다. 한글은 우리 사회 어디에서나 볼 수 있고, 그림책을 꾸준히 접한 아이들일수록 더욱 자연스럽게 '글자'에 관심을 갖게 됩니다. 그래서 따로 알려 준 적이 없는데도 아이가 엄마, 아빠, 동생, 내 이름처럼 자주 접한 글자들을 읽는 경우가 더러 있습니다. 글자를 그림처럼 그 모습과 소리를 매칭하여 외우는 것인데요. 이런 것들이 배경지식이 되어서 나중에 그 원리를 깨우치게 됩니다.

만 5세는 모양을 외운 글자도 점점 많아지고, 그 글자에 대한 궁금증이 자연스럽게 생기는 나이입니다. 나 빼고 세상 사람들이 다 알고 읽는 것 같은 글자의 원리가 궁금해지는 것이죠. 그래서 글자에 대해 궁금해하면 자연스럽게 알려 주세요. 좀 덜 궁금해해도 아이가 너무 힘들어하지 않는 수준이라면 조금씩 알려 주는 것, 솔직히 전혀 무리가 될 만한 학습은 아닙니다.

이 시기에 다양한 방법으로 한글을 익힐 수 있습니다. 그런데도 특히 한글 학습지처럼 앉아서 종이를 넘기며 공부해야 하는 방식만을 고집하게 되면 아이가 한글에 대해 흥미를 잃기 쉽죠. 드물게 좋아하는 아이가 있을 수도 있지만, 하나의 방식만 고집하면 아이는 힘들어

합니다. 세상에는 다양한 학습 방식이 있습니다. 한글 학습지, 한글 영상, 한글 놀잇거리 등 여러 가지를 번갈아 함께 사용하는 것이 더 나은 방법입니다.

또한 한글을 처음 익히는 아이들에게는 일상생활 속에서 자연스럽게 놀이처럼 한글을 읽어 보게 하는 것도 한글에 대한 흥미를 돋울 수 있는 효과적인 학습 방법입니다. 부모님과 길을 걸으면서 동네 간판을 읽어 보거나 과자의 이름을 더듬더듬 읽어 보는 것이죠.

그러면 한글을 익혀야 한다는 동기는 커지고, 생활 속에서 읽을 수 있는 글자도 많아지니 학습에 대한 효과를 즉각적으로 느낄 수 있습니다.

입학 전에 한글을 떼지 못한 아이, 괜찮을까요?

한글을 익히기에 충분한 시간은 아이마다 모두 다릅니다. 일찌감치 한글 떼기를 시작했는데 아이가 영 못 따라오는 것 같아서 걱정인 부모님도 있습니다. 재미있는 한글 영상을 보여 주고, 함께 책을 읽는데도 아이 실력이 느는 것 같지 않아 속상한 부모님도 있고요.

같은 유치원 다니는 영희는 받아쓰기도 할 줄 안다는데…….

우리 애는 왜 잘 읽지도, 쓰지도 못할까?

자신도 모르게 잘하는 아이와 우리 아이를 비교하고, 한글 공부 얘기만 나오면 싫어하는 아이를 보며 속상해하기도 하죠.

괜찮습니다. 아이들마다 필요한 시간이 다릅니다.

예비 초등학생 학부모님들은 다들 지나온 시기이지만, 제 딸은 아직 유치원을 다니는데요. 딸이 유독 말이 느렸습니다. 세 돌 가까이 엄마, 아빠 정도만 했거든요. 그 시기에 엄마로서 마음고생 많이 했습니다. 내가 교사인데 내 딸 하나 제대로 못 가르치나 얼마나 괴롭던지요.

그런데 어느 순간 딸아이가 두 단어를 잇더니 금세 문장으로 말을 하더라고요. 말과 글자, 이 언어라는 것이 아이마다 무르익는 시간이 다르다는 걸 우리 반 아이들을 보면서 정말 많이 느꼈는데도 제 자식을 두고 애 끓이는 동안에는 그걸 잊고 있었다는 걸 깨달았습니다.

모든 아이에게는 서로 다른 시간이 필요합니다. 정말입니다.

부모로서 잘하고 있는지 걱정돼요

우리 아이 한글 실력을 걱정하기 전에 그동안 한글 교육을 어떻게 해 왔는지 생각해 볼까요? 간단한 체크리스트로 한번 점검해 보세요. 만 5세 기준입니다.

한글 교육 관심도 체크리스트	
1. 아이에게 매일 또는 일주일에 2~3회씩 규칙적으로 한글 교육을 하고 있다.	☐
2. 아이와 실생활에서 접하는 다양한 글자들(간판, 메뉴)을 함께 읽는 편이다.	☐
3. 아이에게 그림책을 하루 또는 이틀에 1~2권은 꾸준히 읽어 준다. (그림책 동영상은 해당 안 됨)	☐
4. 교구(한글 자석, 한글 낱말 카드)를 활용해 주 1~2회 글자를 읽고 만들어 보는 시간을 가진다.	☐

5. 한글 교재, 학습지, 또는 한글 원리를 설명하는 영상을 활용해 한글을 체계적으로 알려 준다.	☐
6. 아이가 틀리게 읽거나 틀린 글자를 써도 실수를 인정해 주며 긍정적인 분위기에서 한글을 익힐 수 있게 돕는다.	☐
7. 아이의 한글 해득 수준과 학습 속도를 이해하고 있고, 그에 맞추어 학습 진도를 진행하고 있다.	☐
8. 아이가 한글을 배우며 재미를 느끼도록 다양한 방법(놀이, 게임, 노래 등)을 활용하고 있다.	☐

　여기서 몇 개나 해당이 되나요? 나와 우리 아이의 상황에 따라 아래의 이야기를 읽어 보시기를 바랍니다.

7~8개 (★★★★★)
→ 충분한 한글 노출과 교육이 진행되고 있습니다. 노력을 많이 하시네요! 혹시 공부 시간이 너무 길거나 아이와 학부모 스스로에게 부담되지는 않는지도 한번 살펴보세요.

5~6개 (★★★★)
→ 충분합니다! 잘하고 계세요. 아이가 반복적인 학습으로 지루해지지는 않는지 살펴보세요. 다양한 방법과 긍정적인 학습 분위기를 유지한다면 한글에 대해 자신감을 가질 수 있어요.

3~4개 (★★★)
→ 적당한 노출입니다! 아이가 잘 따라오고 있다면, 다른 방식의 한글 교육을 한두 가지 더 추가해도 괜찮습니다.

0~2개 (★★)
→ 한글 노출이나 한글 교육에 대한 관심이 부족합니다. 조금 더 노력하면 아이의 삶에 한글이 스며들 겁니다.

　이 체크리스트에서 특히 중요한 것은 6번의 긍정적인 학습 분위기 형성과 7번의 아이의 학습 속도를 존중해 주기입니다. 한글 공부를 시작하는 아이가 한글을 낯설어하는 것은 당연합니다. 배우는 과정에서 자주 틀리는 것도 당연합니다. 아이의 학습 속도와 진도에 맞춰 진행하면서 한글 학습에 긍정적인 정서를 갖도록 도와주세요.

학교에 입학한 이후에 아이들은 한글을 체계적으로 익히게 됩니다. 입학 전 가정에서 꼭 필요한 것은 2번 생활 속 글자 읽기와 3번 꾸준한 그림책 노출(하루 1~2권)입니다. 생활 속 글자를 부모님과 읽어 보며 한글 교육의 필요성을 느끼는 것이 우선이고요. 그림책은 생활 이외 다양한 상황에서 접할 수 있는 단어들의 모양과 소리, 쓰임까지 알 수 있게 하여 큰 도움이 됩니다. 그림책은 세이펜처럼 읽어 주는 기계 사용도 좋지만, 부모님이 직접 읽어 주는 것이 훨씬 좋습니다. 부모의 발음과 입 모양을 보는 것이 글자 익히기에 큰 도움이 되기 때문입니다.

특히 아이와 번갈아 가며 주고받듯 읽다 보면 읽기 실력이 느는 것뿐 아니라 일방적으로 읽어 주는 것보다 재미있습니다. 처음에는 엄마 아빠가 읽다가 쉽고 짧은 한두 줄을 아이에게 읽게 하면서 분량을 점점 늘려가 보세요. 격려와 칭찬 90퍼센트, 읽기 교정 10퍼센트를 목표로 잡고 번갈아 읽으면 아이와 훨씬 따뜻하고 정감 있는 시간을 보낼 수 있습니다.

4번 교구를 활용한 교육과 5번 교재, 영상을 통한 한글 원리 습득은 그다음입니다.

초등 1학년의 한글 교육 시간은 길어요

모든 아이에게 각자 다른 시간이 필요하다는 것을 잘 알고, 이 문제를 제일 걱정하고 있는 곳이 국가입니다. 예전에는 학교에서 한글을 거의 가르치지 않았습니다. 이미 아이들이 한글을 알고 왔을 것이라고 여기고 3월부터 문장을 배우기 시작했어요.

지금은 한글 교육 시간이 크게 늘었습니다. 2022 개정 교육과정이 적용된 2024년부터는 이전보다 무려 한글 교육 시간이 34시간이 늘었고, 따라서 총 90시간 정도 한글에 대해서 배우게 됩니다. 이 시수는 절대 짧은 시간이 아닙니다. 1학년 정규 교육 과정 이내에서 충분히 한글을 배울 수 있습니다.

입학 전 불안하게 연습하지 않아도 괜찮은 것들

1학년 아이들과 이야기하다 보면 유치원이나 어린이집에서 한 초등 입학 연습에 대해 듣곤 합니다. 그때마다 굳이 안 해도 되는데, 왜 어렵게 미리 해 두었을까 싶은 두 가지가 있습니다. 바로 받아쓰기 연습과 알림장 쓰기 연습입니다. 학부모님과 아이들에게 듣자니, 학교 적응을 돕기 위해 어린이집이나 유치원에서 만 5세 시기에 연습을 시켜 준다고 하더군요.

예전과 다르게 요즘 초등학교에서는 1학년 1학기에 알림장을 쓰는 경우가 많지 않습니다. 하이클래스 등 각종 학급 소통 앱을 통해 학부모와의 소통이 늘면서 부모님에게 직접 알림장을 보내거나 아예 알림장을 쓰지 않는 경우가 많습니다. 학급에서 알림장을 쓴다고 하더라도 아이들이 1학년 1학기 내내 한글을 익히기 때문에 보통 2학기 때부터 시작하지요. 저도 1학년 1학기에는 아이들에게 알림장 내용을 인쇄하여 알림장에 붙여 주곤 합니다.

받아쓰기는 교육부와 교육청에서 1학년 1학기에는 되도록 하지 말라는 지침이 공문으로 내려왔습니다. 물론 금지가 아니라 2학기부터 하는 것이 좋지 않겠느냐는 권고 사항입니다. 이런 공문의 영향력으로 전국의 1학년 교실에서 1학기에는 받아쓰기를 하지 않는 분위기가 형성된 지 오래입니다. 하더라도 교실에서 한글을 어느 정도 배운 이후에 자음과 모음 그리고 두세 글자의 짧은 낱말로 이루어진 받아쓰기를 하게 됩니다.

<1-1단계> 한글, 틀려도 괜찮아!

1학년 1학기의 받아쓰기 급수표입니다. 입학 후 한글을 처음 배운 아이들도 쉽게 받아쓰기를 할 수 있을 정도의 수준입니다. 군이 학교 적응을 위해 입학 전에 알림장과 받아쓰기 연습을 할 필요가 없다는 것이죠.

물론 아이마다 기질도 다르고, 성격도 다르기에 미리 해 보는 것이 좋은 아이들도 있습니다. 아이가 학교에 대한 열의가 넘치는 나머지, 초등 입학 선배들에게 소문으로 들은 알림장 쓰기나 받아쓰기를 본인이 하고 싶어 한다면 경험해 보는 것도 괜찮습니다. 또 해 보지 않은 일에 대해서 큰 불안감이나 두려움을 갖는 성향이라면 미리 경험해 보는 것이 효과적입니다. 만약 아이가 한글 읽는 것이 제법 익숙해서 한글 익히기 목적으로 연습을 한다면 좋은 공부 자극이 될 수도 있습니다.

PART

입학 전
학부모를 위한
체크리스트

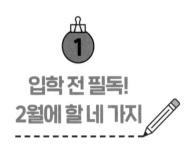

입학 전 필독!
2월에 할 네 가지

아이의 입학을 앞둔 2월. 요즘 엄마, 요즘 아빠는 무엇을 마지막까지 준비하고 확인하면 좋을까요? 아래의 네 가지만 미리 꼼꼼히 준비해 두면 걱정이 없습니다.

하교 후 일정 계획

1학년 시기에 하교 후 일정은 현실적으로 가장 중요한 일입니다. 초등학교 1학년 수업은 오후 1~2시에 끝납니다. 방과 후 과정을 신청한 유치원과 어린이집에 비해 일찍 끝나다 보니 많은 예비 학부모님이 아이의 하교 일정을 미리 걱정하고 계획하죠.

사실 3월에는 하교 일정을 계획하지 않는 편이 가장 좋긴 합니다. 입학 후 아이들이 '학교'라는 낯선 장소에 오면서 긴장을 많이 하거든요. 낯선 공간, 새로운 선생님, 새로운 친구들 안에서 적응하기 위해 많은 애를 쓰죠. 그래서 학교가 끝나고 집으로 돌아오면 평소 안 자던 낮잠을 자는 아이도 있습니다. 이 시기에는 아이들이 잔뜩 움츠러들기도 하고, 지나치게 들뜨기도 하기 때문에 가정에서 충분히 쉴 시간을 주는 것이 좋습니다. 아이가 학교 적응에만 온전히 집중하고 집에서는 재충전할 수 있게 돕는 것이죠.

그렇지만 모든 가정이 학교가 끝난 뒤에 아이를 집에서 돌볼 수 있는 것은 아닙니다.

이런 경우, 3월에 내가 돌봐 줄 수 없다고 죄책감을 갖지 마세요. 마냥 어린 것 같아도 아이들에게는 여러 상황에서 적응할 수 있는 힘이 있습니다. 아이가 적응하는 3월은 잠깐이고, 아이의 학교생활은 앞으로도 계속 이어집니다. 아이와 긴 시간을 보내는 것도 좋지만, 부모 자식 간의 관계에는 함께 시간을 보낼 때의 밀도도 중요합니다. 아이와 보내는 시간이 짧을지라도 아이의 목소리에 충분히 귀를 기울여 주고 아이를 믿어 주는 부모의 존재 자체가 중요하지요.

또한 아이들의 방과 후 돌봄을 돕기 위한 다양한 방과 후 프로그램과 기관들이 있으니 너무 걱정하지 않아도 됩니다. 이제 부모님은 여러 방과 후 프로그램을 살펴보며 우리 가정과 아이에게 맞는 프로그램을 선택하기를 바랍니다.

방과 후 일과의 선택지는 여섯 가지 정도로 나눌 수 있습니다.

돌봄교실

돌봄교실은 학교 안에서 진행되는 방과 후 프로그램입니다. 각 돌봄교실을 담당하는 돌봄전담사의 지도 아래 1, 2학년 아이들이 보통 오후 5시까지 돌봄을 받을 수 있습니다. 학교마다 돌봄이 가능한 시간대가 다르니, 정확한 시간대는 학교에 문의해 보세요. 돌봄교실 참여 비용은 무료이나 월마다 아이들 간식비를 내야 합니다.

돌봄교실은 매일 하루에 한 번씩 수업이 진행됩니다. 전래놀이, 창의미술 등 학교에서 정한 프로그램 수업이 이루어지고, 나머지 시간에는 자유놀이 및 독서를 주로 합니다. 돌봄전담사의 재량이기에 학교마다 돌봄교실마다 차이가 있습니다.

여름방학과 겨울방학에도 돌봄교실은 운영되며, 방학마다 일주일씩 '돌봄교실 방학 및 준비 기간'이 있습니다.

* 신청 방법: 보통 예비소집일이 있는 12월 말에서 1월 초쯤에 사전 신청을 받아 2월 안에 아동 선발까지 완료합니다.

방과 후 학교

방과 후 학교는 비교적 저렴한 비용으로 참여할 수 있는 학교 안 '학원'이라고 볼 수 있습니다. 음악줄넘기, 댄스, 축구, 바이올린, 컴퓨터 등 학교 규모가 클수록 다양한 프로그램이 있고, 그만큼 인기 방과 후 프로그램은 신청 경쟁이 치열합니다. 반대로 학교 규모가 작으면 프로그램 수는 적어도 무난하게 신청할 수 있는 편입니다.

* 신청 방법: 보통 3월 첫 주에 안내장이 발송되며 학교별로 지류 신청서, 인터넷, 앱 등 신청 방법이 다릅니다. 인원수가 많으면 추첨하는 학교도 있으니 3월 안내장을 꼭 참고하세요.

늘봄학교

늘봄학교는 2024년부터 시작된 방과 후 학교 프로그램입니다. 무료이며 희망자는 모두 참여할 수 있는 개방적인 프로그램입니다. 전국 초등학교에 도입된 지 얼마 되지 않아 학교마다 운영 방식이나 운영 시간에 큰 차이가 있습니다. 보통 방학 기간에도 운영되기 때문에 아이들이 방학 때 학교에 나올 수 있습니다.

늘봄학교의 수업은 초등학교 교사나 외부 강사가 운영하며, 교과수학, 놀이체육, 전래놀이, 창의미술, 한글놀이, 캘리그라피 등의 강좌를 학교 자율로 선택합니다.

* 신청 방법: 3월 첫 주에 안내장이 나가고 신청을 받습니다. 희망자는 모두 신청이 가능하니 신청 기한을 잘 살펴 신청하면 됩니다.

학교 밖 돌봄센터

학교 밖 돌봄센터는 '다 함께 돌봄' '아이누리 돌봄'이라는 이름으로 다양한 곳에서 운영 중입니다. 최근에는 아파트의 세대수가 어느 정도 충족되면 초등학교 저학년 대상 돌봄센터를 커뮤니티 시설에 필수적으로 포함하도록 하고 있습니다.

맞벌이 가정의 자녀 돌봄을 위해 오후 6~8시까지 운영하며, 방학 중에도 돌봄이 가능합니다. 숙제 지도를 해 주고 예술, 체육 등 각종 프로그램을 운영합니다. 운영 비용으로 대부분 한 달에 5만 원 정도를 받고 있습니다. 시청, 구청 등 각 지역 기관의 지원을 받기 때문에 구체적인 운영 방식이나 비용은 지역마다 다릅니다.

* 신청 방법: 한 지역의 모든 돌봄센터가 같은 기간에 신청을 받는 경우가 많습니다. 학교 주변의 돌봄센터를 미리 알아보고, 신청 일자를 꼭 확인해야 합니다. 대부분 입학 전인 1월 중, 늦어도 2월에는 신청을 받습니다.

지역아동센터

지역아동센터는 '공부방'이라고도 불리며, 아이는 하교 후 지역아동센터로 이동하여 돌봄을 받습니다. 초등학교 저학년만을 위한 기관은 아니며 초, 중, 고등학생까지 이용할 수 있는 기관입니다. 물론 다니고 있는 아이들은 주로 초등학생들이 많습니다.

다양한 프로그램을 운영하고 방학 중 돌봄을 실시하고 있습니다. 저녁 급식을 제공하는 야간 돌봄을 하는 지역아동센터도 있습니다.

* 신청 방법: 지역아동센터에 직접 신청합니다. 학기 초가 아니더라도 상시 신청을 받습니다.

학원 및 사교육

학원 및 사교육은 다양한 종류가 있습니다. 저학년 아이가 걸어갈 수 있는 거리의 학원이 아니라면, 차량 지원 여부를 꼭 확인하세요. 특히 1학년은 학교 등하교 때뿐 아니라 학원을 오고 갈 때의 아이 소재 파악이 중요합니다. 부모가 직접 학원으로 데려다주고 데려올 수 없는 상황이라면 이 부분을 꼭 살펴보아야 합니다.

그동안 사례들을 보면, 하교 후 일정은 한 가지만 이용하기보다 이 선택지 중에서 두세 가지를 적절히 섞어 활용합니다. 다음 장은 몇 가지 참고 사례입니다. 학원이나 방과 후 학교의 종류는 아이들이 많이 듣는 과목을 예시로 넣었습니다. 이렇게 두세 가지의 방과 후 프로그램과 기관을 활용하면 은근히 하교 후 시간표가 가득 찹니다!

📋 하교 후 스케줄 짜기

☑ 돌봄교실(매일)+방과 후 학교(수요일은 생명과학, 금요일은 컴퓨터)+태권도 학원(매일)

→ 돌봄교실에 있다가 방과 후 학교로 이동. 방과 후 학교가 끝나면 시간에 맞춰서 태권도 학원 차량을 탐.

☑ 방과 후 학교(화요일은 요리, 목요일은 코딩)+돌봄센터 또는 지역아동센터

→ 방과 후 학교 강좌를 들은 다음 돌봄센터나 지역아동센터로 이동(돌봄센터나 지역아동센터 등원 시간은 학교가 끝난 이후이기 때문에 매일 학교 수업과 방과 후 학교가 끝나고 바로 이동하면 됨).

☑ 방과 후 학교(월요일은 클레이)+영어 학원(화, 목)+피아노 학원(월, 수, 금)

→ 요일마다 변수가 많은 경우. 학원 차량이 학교 앞으로 오며, 차량 탑승 시간은 학원과 요일에 따라 달라짐. 방과 후 학교가 끝나면 학원 차량 타는 곳으로 이동함.

☑ 늘봄학교(월, 화, 수, 금)+방과 후 학교(목요일은 음악줄넘기, 컴퓨터를 연달아 들음)

→ 매일 늘봄학교에 가지만, 방과 후 학교가 있는 목요일에는 늘봄학교를 빠짐.

⁞ 예방접종

초등학교는 의무교육기관으로 별도의 사유가 없으면 대한민국의 모든 아이가 교육을 받기 위해 오는 곳입니다. 단체 생활이 시작되는 시기이기 때문에 그만큼 전염성의 위험도 큽니다.

단체 생활을 위해서는 의무적으로 맞아야 하는 예방접종이 많습니다. 영아 시기에는 자주 예방접종을 맞아야 하니 빠뜨리지 않지만, 아이가 성장하고 난 뒤에는 예방접종 간격이 길어 시기를 놓치기 쉽습니다.

초등학교에 입학하기 전에 국가가 권유하는 모든 종류의 예방접종을 마쳤는지 확인해 보세요. 우리 아이의 예방접종 내역과 누락된 예방접종 내역은 '예방접종도우미' 사이트에서 확인할 수 있어요.

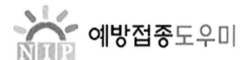

초등학교에서는 나중에 보건 교사가 신입생들의 예방접종 사항을 모두 확인합니다. 예방접종이 미완료된 아이들은 보건 교사가 별도로 연락도 하고요. 입학 이후에는 부모님도 아이도 많이 바빠져 시간을 내기 어려우니 우리 아이를 포함한 모든 아이의 건강을 위해 입학 전 미리 확인하고 예방접종을 완료하세요.

⦂ 등굣길 답사

어른 걸음과 아이 걸음은 다릅니다. 어른들에게 5분이면 갈 길이 아이들에게는 15분씩 걸리기도 하죠.

부모님이 매일 마중을 나오더라도, 맞벌이 가정은 아이가 혼자서 학교와 집을 오고 갈 일이 더 쉽게 생길 수 있으니 꼭 함께 여러 번 걸어보는 것이 좋습니다.

아이와 함께 학교에 오가며 다음과 같은 부분을 확인해 보세요.

- 학교까지 아이 걸음으로 얼마나 걸리는가?
- 오고 가는 길에 횡단보도가 몇 개 있는가? 위험한 지점은 없는가?

아이가 집이나 학교에서 출발했을 때 도착지에 언제쯤 도착할지 짐작할 수 있어야 합니다. 또한 아이가 혼자서 등하교를 하게 된다면, 위험한 지점은 없는지 살펴보며 함께 이야기를 나누는 시간이 필요합니다. 특히나 횡단보도는 아이들이 다치기 쉬운 곳입니다. 초록 불에 횡단보도를 건너야 하는 것과 같은 기본적인 사항은 물론, 우회전 차량에 다치지 않도록 차도에서 한 발자국 더 물러서서 기다리도록 지도해 주세요.

인도와 차도의 경계가 없는 이면 도로, 차들이 빠르게 달리는 곳, 공사 현장 등이 근처에 있다면 아이와 한 번 더 걸으며 이야기해 보세요. 분명히 도움이 됩니다.

⁞ 부모님과 만날 장소 정하기

부모님과 만날 장소를 정하는 것이 생각보다 중요합니다. 아이가 아파서 갑자기 집에 오거나, 방과 후 학교가 끝나고 부모님과 만나기로 할 때가 있겠죠? 그런데 종종 아이와 엄마, 아빠가 만날 장소를 헷갈려서 서로 엇갈리는 경우가 생깁니다. 이럴 때 부모님들은 크게 당황합니다.

1학년 담임교사를 하다 보면 1년에 두세 번은 아이가 없어졌다는 전화를 받습니다. 학교 끝나고 만나기로 했는데, 아이가 보이지 않는다고요. 생각만 해도 아찔한 상황인데요, 부모님과 함께 놀이터, 학교 근처 공원 등 여러 곳을 찾아다니다 보면, 아이는 태연하게 이미 집에 가 있거나 근처 문구점에서 뭘 사고 있거나 할 때가 많습니다. 큰일이 없었으니 정말 다행이죠. 애가 탔던 부모님은 어리둥절한 아이 얼굴을 확인하고 그제야 안심해서 울음을 터뜨리기도 합니다.

학교생활을 하면서 아이가 갈 만한 문구점이나 주로 간식 사는 곳도 알아 두세요. 아이가 갑자기 없어졌을 때 갈 만한 곳을 파악하기 위해서입니다.

아이와 엄마 아빠가 만날 곳을 약속해 두고 아이가 자주 가는 곳과 동선을 알아 두면 엇갈릴 일이 많이 줄어듭니다.

초등 학부모
마음 준비

무던하게 반응하기

초등학교 입학을 앞둔 아이들은 글씨는 잘 못 쓰더라도 대부분 말은 잘합니다. 어른들처럼 논리적으로 자신의 생각을 펼치거나 조리 있게 말하기는 어렵지만, 기분이나 생각을 자신만의 표현으로 솔직하게 말할 수 있습니다.

이제 아이가 초등학생으로서 보다 자립해야 하는 시점에 부모는 무던하게 반응하는 연습을 시작해야 합니다. 이런 말을 듣고 의아해하는 분도 있을 겁니다. 그동안 아이의 표현에 늦지 않게, 민감하게 반응하는 것이 좋다는 이야기를 많이 들어 왔을 테니까요.

신생아 시기부터 영유아기까지는 부모가 민감하게 반응하는 것이 중요했습니다. 아이의 배고프다는 신호, 대소변을 누었다는 신호 등을 부모가 바로 알아차리고 처리해 줘야 했습니다. 그리고 아이가 따라할 수 있도록 부모는 다양한 표정을 짓고 반응하는 역할을 할 필요도 있었습니다. 아이가 부모의 표정을 보며 흉내 내고 감정을 배웠기 때문입니다.

하나 영유아 시기와 지금은 다릅니다. 부모는 예전보다 무던하게 반응하면서 아이가 자신의 감정을 잘 소화할 수 있게 도와야 하는 것이지요. 부모가 민감하게 혹은 아이보다 더 크게 반응하면 부모의 그런 모습에 아이의 불안감은 더 증폭될 수 있습니다.

예를 들어, 아이가 넘어져서 무릎에 상처가 났을 때 "어머! 어떡해! 무릎 까졌네! 피 나는 것 좀 봐. 괜찮아? 너무 아프겠다. 아이고······" 하며 아이보다 본인이 더 아픈 것처럼 반응하는 부모가 있습니다. 물론 당연히 아이는 아프겠지만 아주 어릴 적 상처 하나에 세상이 무너진 것처럼 울고불고하지 않습니다. 아프긴 해도 그럭저럭 참을 만한 아픔이죠. 그런데 함께 있는 부모가 과하게 반응하면 아이도 덩달아 민감해집니다. 어떤 아이들은 부모가 너무 속상해하니 "엄마, 나 괜찮아요" 하며 오히려 부모를 달래기도 합니다.

이럴 때 부모는 어떻게 반응하면 좋을까요? "어머, 아프겠다. 괜찮니?" 하며 적당한 수준으로 공감해 주고 살펴 주는 것이 필요합니다. 아이가 아픔과 혼란스러움을 잘 지나가게 할 수 있게 부모로서의 단단함을 보여 주는 것이죠.

매일 마주치는 문제들 하나하나에 큰일처럼 반응하면 사람들은 쉽게 지칩니다. 적당한 수준의 일들은 대수롭지 않게 넘기는 대범함이 있어야 아이가 편안한 마음으로 지낼 수 있습니다.

부모의 단단함은 아이가 주변 사람들과 관계를 맺을 때 겪는 갈등이나 어려움에도 영향을 줍니다. 아이는 커 가면서 선생님이나 친구, 동생 등 주변 사람들의 말과 행동을 해석하고 판단하는 과정을 끊임없이 거치게 됩니다. 자신의 가장 믿을 만한 사람은 부모이니, 자신에게 있었던 일을 부모에게 털어놓기도 합니다. 선생님이나 친구들의 말과 행동을 어떻게 받아들이고 해석해야 하는지 어른에게 조언을 구하는 것이죠.

아이가 부당한 일을 겪었다는 얘기를 들으면 내가 당하는 것보다 더 화가 난다는 부모가 많습니다. 부모의 입장에서는 내 자녀에 대한 일이니 그 일이 결코 가볍게 들리지 않을 겁니다.

"뭐? 영희가 너한테 그렇게 말했다고? 다시 얘기해 봐!"

심상치 않은 부모의 반응에 아이는 움츠러듭니다. 어떨 땐 그냥 말만 하고 싶었는데 금방이라도 부모가 영희를 만나서 혼을 낼 것처럼 반응합니다. 만약 아이에게 심각한 수준의 학교폭력이 있었다면 당연히 부모가 나서야 할 것입니다. 부모는 아이를 지켜야 하는 의무를 지닌 보호자니까요. 하지만 아이 앞에서 과하게 화를 내거나 흥분하는 모습을 보여서는 안 됩니다.

"그런 일이 있었구나. 좀 더 자세히 얘기해 줄 수 있어?"

이때 부모는 과민하게 반응하지 않도록 스스로를 살펴야 합니다.

아이에게는 언제나 어른이 필요합니다. 부모가 어른으로 단단하게 버텨 줘야 할 순간에 아이와 똑같이 행동하면, 아이는 본받고 배울 대상을 잃게 됩니다. 가족이기 때문에 서로 편안한 모습을 보이는 것은 자연스럽지만, 아이에게 어른이 필요할 때는 부모가 반드시 어른으로서의 역할을 해 주어야 한다는 점을 기억하세요.

👤 '척하면 척' 졸업하기

"척하면 척이지!" 어쩌면 부모와 어린 자녀 사이를 얘기하는 말일지도 모릅니다. 부모와 아이는 세상에서 가장 가까운 사이입니다. 특히 부모는 자녀를 말 못하던 어린 시절부터 키워 왔기 때문에 아이가 조금이라도 불편해하면 기민하게 알아차릴 수 있습니다.

아이가 가방을 잘 못 여는 것 같을 때 부모는 아이 표정만 봐도 알 수 있습니다. 아이에 대해 가장 잘 아는 사람은 부모이니 말이죠. 아이가 요구르트 뚜껑을 혼자서 잘 못 따는 걸 알고 있으니 요구르트를 줄 때 아예 뚜껑을 따서 주기도 합니다. 아이가 겪을 불편함을 미리 없애 주는 겁니다.

초등학교 입학을 준비하면서부터는 부모의 입장에서 뻔히 예상이 되는 그 어려움을 아이가 마주하게 해 주어야 합니다. 그리고 아이의 입에서 "엄마, 도와주세요"라는 말이 나오기 전까지는 잠자코 지켜보는 연습을 해야 합니다. 아이가 어른이 알아서 도움을 줄 때까지 기다리는 것이 아니라 스스로 어른에게 도움을 요청하는 말을 또박또박할 수 있게 지켜보는 것입니다.

왜 초등학교에 입학하기 전부터 연습을 시작하는 것이 좋을까요? 학교의 한 일상 장면을 통해 이야기해 보겠습니다. 초등학교는 점심시간에 아이들과 선생님이 함께 점심을 먹습니다. 보통 학교에 급식실이 있으니 반 아이들이 급식실 식탁에 옹기종기 모여 앉아 점심을 먹는데요. 어느 날 돌려서 뚜껑을 따야 하는 요구르트가 나오면 그날은 담임선생님의 손가락이 부르트는 날입니다. 반 아이들의 요구르트 뚜껑을 여러 번 따 줘야 하기 때문입니다.

입학한 지 얼마 되지 않았으니 혹시나 도움이 필요한 아이가 있을까 하고 아이들이 밥 먹는 자리를 한 바퀴 돌다가 한 아이가 뜯지 않은 요구르트를 버리려 하는 걸 보았습니다. "요구르트 싫어하니?" 하고 물으니 아이는 아니라고 도리도리 고개를 저었습니다. "선생님이 뚜껑 따 줄까?" 하니 고개를 끄덕입니다. 담임선생님이 자기 어려움을 알아차릴 때까지 기다렸던 것이죠. 먼저 자신의 어려움을 말하기 어려웠던 것입니다. 이런 아이들은 꽤 오랫동안 어려움이 있어도 담임선생님을 찾지 않습니다.

이뿐 아니라 점심을 먹을 때 더 먹고 싶은 것이 있어도 추가 배식을 할 수 있는 급식대로 가지 않는 아이가 있습니다. 귀찮아서가 아니라

'더 주세요'라는 말을 혼자서 못 하는 것입니다.

요즘 아이들을 보며 너무 자기주장이 강한 것이 아니냐고 말하는 사람들이 많지만, 제가 지켜봐 온 아이들은 자기에게 편한 상대, 부모가 있을 때나 고집을 부립니다. 오히려 밖에서 정말 해야 할 말이 있거나 도움을 요청해야 할 때 말하지 못하는 아이들이 늘고 있습니다.

교실에서 수업을 할 때도 마찬가지입니다. 학습지의 도안 색칠하기를 하다가 담임선생님 앞에 학습지를 가지고 와서 입을 꾹 다무는 아이들이 있습니다. 멀뚱멀뚱 얼굴을 보고만 있어서 "왜? 무슨 일 있어?"라고 물으면 말은 않고 학습지만 불쑥 내밉니다. 틀렸으니 다시 달라는 뜻입니다. 나와서 행동으로라도 의사표시를 해 주면 다행입니다. 어떤 아이들은 가만히 앉아서 아무것도 안 하고 기다립니다. 자기가 틀렸다는 걸 선생님이 알아차리길 잠자코 지켜보는 것이죠.

담임선생님이 다른 아이들도 지도하다가 알아차렸을 때는 수업 시간이 이미 많이 지난 상황입니다. 다시 학습지를 준다 하더라도 수업 시간 안에 작품을 완성하기에는 늦은 시간이고, 아이는 작품을 다 완성하지 못해 속상해지지요.

여기까지 들으니, 혹시 우리 아이가 그러지는 않을까 걱정되시죠? 이런 점은 집에서 연습으로 나아질 수 있습니다. 사실 굉장히 단순합니다.

아이가 표현하기 전까지 모르는 척해 주면 됩니다. 가정에서는 아이가 도와 달라는 말을 부모에게 직접 할 수 있게 알아도 모르는 척해 주는 것이 필요합니다.

　가정에서 흔히 볼 수 있는 상황을 생각해 볼까요? 아이가 블록 장난 감을 가지고 놀다가 잘 빠지지 않는 블록이 있어 짜증을 내고 있습니다. 엄마가 그걸 보게 된다면 "짜증 그만 내. 엄마가 빼 줄게"하고 먼저 손이 나가기 쉽습니다.

　하지만 그때 먼저 도와주기보다는 아이가 도움을 요청할 때까지 기다리거나 구체적으로 도움을 요청할 수 있게 유도하는 것이 필요합니다. 만약 아무리 기다려도 아이가 계속 짜증만 낸다면 어떻게 이야기해야 할까요?

　"동동아, 뭐가 잘 안 돼?"

　"응! 아니, 이게 잘 안 빠지잖아!"

　"그래? 그럼 엄마가 뭘 도와줄까?"

　"이거 빼 줘."

　"그래. 다음에는 엄마, 블록 빼는 거 도와주세요, 이렇게 말하면 되는 거야."

　번거로운 과정이지만 그 노력은 어딜 가지 않습니다. 가정에서 연습한 '엄마, 도와주세요' '엄마, 소시지 더 주세요'가 '선생님, 도와주세요' '선생님, 고기 더 먹고 싶어요' '선생님, 색종이가 찢어졌어요. 어떻게 해요?'가 될 수 있습니다.

　눈빛만 봐도 뻔하게 알 수 있는 것이 자녀 마음이지만 아이가 세상에서 만날 사람이 다 부모 같지는 않잖아요. 수영장에 들어가기 전 팔

다리에 물을 뿌려 주며 적응하도록 돕는 것처럼 가정에서 미리 준비해
야 합니다.

초등 입학 준비물 TIP
: 살 것, 사지 말 것, 천천히 살 것

⸭ 책가방, 실내화 가방 ○

책가방, 실내화 가방은 당연히 사야겠죠? 하지만 그 전에 꼭 참고할 점이 있습니다.

아이들은 가방 브랜드에 관심이 없어요

구매를 결정하기 전에 이런 생각 하는 분 있지 않나요? '가방은 오래 쓰는 거니 부담은 되지만 좀 더 비싼 브랜드로 구매하는 게 좋을까?' 하고요.

아이가 처음 학교에 가는 거니, 부모로서는 좋은 거 사 주고 싶은 마음에 예상한 것보다 좀 높은 가격대여도 '초등학교 입학은 한 번뿐인데 사 볼까' 할 수 있습니다. 그렇지만 그 고민과 망설임은 넣어 두셔도 됩니다.

교사도 아이들도 가방의 브랜드를 전혀 중요하게 생각하지 않습니다. 아이들은 남의 가방에 관심이 없습니다. 사실 자기 가방 챙기기도 힘들어합니다. 땅바닥에 떨어졌는데 먼지 묻고 친구가 모르고 밟고 지나가도 시큰둥한 아이들의 책가방을 주워 준 적이 몇 번인지 모릅니다. 또 이 가방을 6년 내내 쓰는 것이 아니라 보통 3~4학년쯤에 가방을 바꾸게 됩니다.

무조건 가벼운 걸로

디자인이 예쁜 것도 좋지만 아이들은 이 가방을 매일 들고 다녀야 합니다. 요즘에는 교과서를 사물함에 보관합니다. 따라서 매일 가방에 넣고 다닐 준비물이 많지 않죠.

그러나 만약 아이가 학교 끝나고 바로 학원에 가야 한다면 학교 준비물과 학원 준비물들을 가방에 함께 담게 됩니다. 이런 점을 감안하면 조금이라도 아이가 메고 다닐 무게를 줄이기 위해 무조건 가벼운 가방으로 구입하는 것이 좋습니다. 또 아이들의 성장을 위해서도 매일 들고 다닐 가방은 최대한 가벼운 것으로 구입하세요.

책상 옆에 걸기 좋은 스타일인가?

아이들은 책가방을 대개 책상 옆 고리에 걸어 놓습니다. 대부분의 책가방이 책상 옆에 걸기 좋게 되어 있지만 종종 그렇지 않은 가방을 봅니다. 책가방이 열려 있을 때도 책상에 잘 걸릴 디자인인지 고려해 보시길 바랍니다.

가방의 뒤쪽, 즉 가방끈이 달린 가방 뒷면에 고리가 달려 있어야 책상 옆에 걸기 용이해요. 그러나 간혹 가방 앞면에 고리가 달린 가방도 있습니다. 가방이 열렸을 때, 앞쪽에 고리가 달려 있으면 책상에 가방이 잘 안 걸리고, 가방을 열어서 물건을 꺼낼 때마다 들어 줘야 합니다. 책가방을 책상 옆에 걸 때 괜찮은지 생각해 보며 아이와 가방을 고르는 것을 추천합니다.

가방을 여닫기에 복잡하지 않은가?

종종 어른들 가방처럼 열기가 복잡한 어린이 가방이 있습니다. 예를 들면, 자석으로 열고 닫는 가방, 철컥하고 이음새를 맞춰서 채우는 가방도 있죠. 또 이중 잠금이 되어 있어 안에는 지퍼가 있고, 지퍼를 닫으면 또 자석으로 닫아야 하는 가방도 있습니다.

잠금장치가 복잡한 가방을 가진 아이들을 지켜보면 어느 순간 가방을 꼼꼼하게 닫기를 포기하고 반쯤 열고 다니는 것을 보게 됩니다. 초등학교 저학년 시기에 들고 다닐 가방은 간단하게 지퍼로 열어 물건을 꺼내고 닫을 수 있는 스타일이 가장 좋습니다.

실내화 가방은 입구가 큰 것으로

종종 실내화 가방 입구가 작아서 실내화를 빼거나 신발을 집어넣을 때 끙끙 앓는 1학년 친구들이 있습니다. 1학년은 바깥 활동이 많은 학년입니다. 수업 시간에 운동장에 나가는 일이 다른 학년에 비해서 많습니다. 학교 밖에 나갈 때마다 실내화에서 신발로, 신발에서 실내화로 갈아 신는 일이 잦죠.

이 과정을 도움 없이 혼자 해야 하기에 실내화 가방은 열고 닫기에 편하고 입구가 널찍한 것이 좋습니다. 지퍼 없이 벨크로로 편하게 고정되거나 아예 닫는 장치가 없는 실내화 가방도 괜찮아요. 보통 실내화 가방에 작은 물건들을 넣기보다는 운동화, 실내화만 들고 다니기 때문에 작은 물건들이 빠질 일이 없습니다. 신발, 실내화를 넣고 빼기 쉬워야 교실과 운동장을 오고 갈 때 활동이 수월합니다.

⚇ 실내화 △

실내화는 2월 말에 아이와 같이 준비하세요. 아이들이 한두 달 사이에 쑥 크는 경우도 많아 정확한 신발 사이즈 측정을 위해 입학하기 직전에 사는 것을 추천드립니다.

보통 하얀 고무 재질에 구멍이 나 있는 실내화를 많이 신습니다. 디자인은 크게 상관없지만 몇 가지 참고할 부분이 있습니다.

슬리퍼 스타일은 위험해요

중고등학교 때 많이 신던 삼선 슬리 퍼를 다들 기억하실 겁니다. 실내에서 신기에 너무 편하지만, 1학년 아이들에게는 다소 위험한 디자인의 실내화입니다. 1학년 아이들은 아직 몸의 감각들이 섬세하지 않고 균형 감각도 떨어지기 때문에 쉽게 발이 엉키고 잘 넘어집니다. 이런 아이들에게 밑창이 미끄

럽고, 벗겨지기 쉬운 슬리퍼 형태의 실내화는 위험합니다.

그리고 교실이나 특별실 등 실내에서 놀이나 운동을 하는 경우가 많습니다. 실내 활동 때는 운동화처럼 뒤꿈치까지 감싸 주는 안정적인 형태의 실내화를 신는 것이 안전하답니다.

너무 큰 사이즈는 위험해요

아이가 성장할 것을 예상해서 옷, 신발을 큰 사이즈로 구매하는 경우가 많습니다. 실내화를 구매할 때도 조금만 더 신으면 딱 맞을 거라 생각하고 아이가 신으면 헐떡거리는 정도의 사이즈로 준비하기도 하죠.

그러나 실내화가 커서 헐떡거리면 넘어지기 쉽습니다. 학교의 바닥은 매우 매끄러운 편이고, 화장실처럼 바닥이 젖은 장소도 있습니다. 또 특별실 이동을 위해서 계단도 자주 사용하는데 큰 실내화 때문에 발이 꼬여 넘어지면 크게 다칠 수 있습니다.

실내화를 착용한 상태에서 신발과 발뒤꿈치 사이에 어른 손가락이 쉽게 들어가는지 살펴보세요. 그 정도 여유가 있어야 너무 딱 맞지도 않고, 헐떡거리지도 않는 사이즈예요.

실내화는 한 번 준비한 것으로 끝이 아닙니다. 최근에는 실내화와 실내화 가방을 들고 다니는 것이 아니라 교실에 두고 다니는 학교들이 늘고 있습니다. 아이가 성장하고 있으니 분기별로 한 번씩 아이의 신발 사이즈를 체크해 주세요.

색종이 X

색종이는 안 사도 됩니다. 요즘 초등학교는 개인용품으로 쓰는 연필, 지우개, 색연필, 공책이나 재활용품이 아니면 준비물을 가져오라고 하지 않습니다. 보통 색종이도 담임선생님이 미리 학습준비물로 구입하는 편입니다.

이 외에도 클레이나 도화지 등 만들기에 필요한 용품들은 학교에서 학습준비물로 준비해 주니 별도로 사지 않아도 됩니다.

⚬ 필통, 연필, 지우개 ○

　필통, 연필, 지우개는 두말할 필요 없는 필수 준비물이죠. 구매 시 참고할 점을 빠르게 짚어 드릴게요.

비싼 것 살 필요 없어요

　부모님들은 이왕이면 좋은 것으로 사 주고 싶죠. 그러나 아이들이 생각 이상으로 학용품을 잘 잃어버립니다. 새로 사 온 첫날부터 연필, 지우개를 잃어버리는 경우를 많이 봅니다. 잃어버린 연필과 지우개들을 모아서 보여 주고, 주인 찾아가라고 해도 잘 찾아가지 않습니다. 분명히 우리 반에서 나온 연필과 지우개인데 말이죠.

　나중에 3학년 정도만 되어도 자기 혼자 문구점에서 학용품을 고르고 싶어 해요. 그때부터 자기 물건 소중한 줄 압니다. 스스로 자기 물건을 챙기기 시작할 때 고급형으로 사 주셔도 늦지 않습니다.

필통, 지우개는 덜 재미있는 것으로

　필통, 지우개가 너무 재미있으면 수업에 집중을 잘 못 합니다. 필통이나 지우개들은 워낙 다양하고 귀여운 디자인이 많죠. 그런데 이 중에서 축구게임, 화이트보드가 달린 필통 등 놀이를 할 수 있는 장난감 필통이나, 갖고 놀기 좋은 미니어처 지우개는 아이들이 수업에 집중하기 어렵게 합니다. 또, 그동안 교실에서 보아 온 미니어처 지우개들은 귀엽다는 장점이 있지만, '연필 자국 지우기'라는 본업에는 성실하지 못했습니다. 잘 지워지지 않아서 따로 갖고 있던 지우개를 빌려주는 일이 잦았답니다.

연필심은 2B, B, HB 추천, 샤프는 좀 더 커서 사 주세요

1학년은 한글을 집중적으로 배우는 단계이기 때문에 국어 수업에 글씨 쓰기 활동이 무척 많습니다. 또 소근육을 기를 수 있도록 연필 쥘 때 힘주라는 이야기를 많이 합니다. 그래서 연필심이 잘 부러지지 않는 연필이어야 편합니다.

심이 무르고, 글씨가 진하게 써지는 연필심이 좋은데, 필기용으로 주로 사용하는 것은 2B, B, HB, F, H, 2H가 있습니다. 이 중에서 무른 편이라 힘을 주어도 덜 부러지는 연필심이 2B, B, HB입니다.

문구점에 예쁜 샤프가 많다 보니 샤프를 사 달라고 하는 아이도 있습니다. 가정에서 샤프를 사용하는 것은 괜찮지만, 힘 조절이 안 되어 샤프심이 계속 부러지기 일쑤입니다. 글씨를 많이 쓰는 학교에서는 되도록 연필을 사용할 수 있게 해 주세요.

1학년은 손가락의 작은 근육들이 섬세하게 발달하지 않아 힘 조절이 어렵습니다. 샤프는 심을 섬세하게 샤프 입구에 맞추는 것부터 부러지지 않게 심통에 넣는 것까지 초등학교 1학년이 혼자 사용하기 어렵습니다.

🔅 스카치테이프 X

스카치테이프, 그중에서도 테이프 커터기를 준비해야 하는지 질문하는 경우가 있습니다. 테이프 커터기처럼 큰 사이즈의 학용품은 학교에 둘 곳이 없습니다.

만들기 할 때 종종 테이프를 사용하기는 하지만, 만약 나중에 선생님이 준비물로 챙겨 오라고 할 때 작은 사이즈의 스카치테이프로 챙겨 줘도 늦지 않습니다.

🔅 네임 스티커, 네임펜 O

둘 중 하나, 또는 둘 다 사는 것도 추천합니다. 초등학교 입학 후에 갖게 되는 새로운 물건들이 여러 개고 새로운 교과서가 여러 권입니다. 이 말은 앞으로 우리 아이 이름을 적어야 할 곳이 정말 많다는 것이죠.

1학년 아이들은 자기 물건 관리하기를 어려워합니다. 아이들이 하교한 후 청소하다 보면, 바닥에 떨어진 연필, 지우개, 색연필, 사인펜 등등 하루에 대여섯 개는 줍게 됩니다. 이름이 있으면 주인을 찾아 줄 텐데 이름이 안 쓰여 있으면 반에 주인 잃은 학용품을 두는 바구니에 넣어 놓지요. 그러나 아이들은 자신의 물건이 없어져도, 필사적으로 찾지 않고 느긋합니다. 물론 자기 물건을 하나하나 꼼꼼하게 챙기는 아이들도 있습니다. 하지만 많은 아이들이 자신의 물건이 없어졌는지조차 잘 모릅니다.

1학년 시기에는 학용품에 이름을 적는 것이 중요합니다. 연필, 색연필, 사인펜, 크레파스 한 자루 한 자루마다 다 적어 놔야 잃어버렸을 때 찾을 수 있습니다. 요즘은 네임 스티커가 잘 나옵니다. 이 네임 스티커를 모든 학용품에 다 붙이기는 어려우니 네임펜으로 필요한 데에 적는 것도 추천합니다.

알림장 같은 공책류 △

공책류는 2월에 절대 사지 마세요. 공책이야말로 반별로 다르기 쉬운 준비물입니다. 담임선생님마다 학급경영에 사용하는 공책이 천차만별이기 때문입니다. 학년이 올라가서도 계속 달라집니다. 특히나 1학년은 한 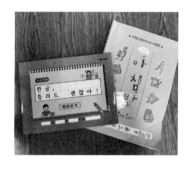 글을 처음 배우는 시기이기 때문에 어떤 반은 1년 내내 아이들이 알림장을 안 쓰기도 합니다. 동시에 같은 학교에서 어떤 반은 한글 쓰기 연습을 위해 1년 내내 아이들이 알림장을 쓰기도 합니다. 담임선생님의 교육관에 따라 달라집니다.

알림장뿐 아니라 공책들 종류가 상당히 다양합니다. 미리 준비하려고 문구점에 갔다가 '받아쓰기 공책도 필요할 것 같고, 쓰기 공책도 필요할 것 같고, 그림일기도 필요할 것 같고…… 나 다닐 때는 한자도 배웠는데……' 하면서 이것저것 구매하게 될 수 있습니다.

그런데 그중에서 안 쓰게 되는 공책이 꼭 생깁니다. 최근에는 일반 문구점에서 팔지 않는 특수한 공책들도 많이 사용합니다. 그래서 공책은 입학식 후 담임선생님의 안내를 받아 준비하면 됩니다.

가위, 풀 ○

어느 초등학교에서나 쓰는 대표 학용품이죠. 가위는 손이 가윗날에 닿아도 잘 다치지 않는 안전 가위를 준비해 주시는 경우가 많은데요. 안전 가위의 날이 워낙 뭉툭하다 보니 학교에서 자주 사용하는 도화지가 정말 안 잘립니다. A4 용지도 안전 가위로 자르면 잘리는 게 아니라 접혀 버리니,
아이가 만들기를 하다가 벌컥 짜증을 내기도 합니다. 그래서 안전 가위를 준비해 온 친구들에게 따로 비치한 학생용 가위를 빌려주는 경우가 많습니다. 그런 점을 고려하여 아이가 익숙하게 가위를 다루게 되면 학생용 일반 가위로 바꿔 주면 좋습니다.

풀은 유난히 금방 닳는 소모품이라 중간중간 계속 구매해야 합니다. 1학년 때 풀은 특히 빨리 닳습니다. 만들기 활동이 많기도 하고, 아이들의 손 근육이 발달하는 과정에 있으니 풀을 얇게 못 바르고 듬뿍듬

뿍 바르기 때문입니다.

보통 두세 달에 한 번씩 새 풀이 필요하니 학기의 중간중간 살펴 주세요.

⚇ 물병 ○

코로나19 이후로 완전히 바뀐 풍경 중 하나는 아이들이 모두 물병을 들고 다니게 됐다는 것입니다. 코로나 감염에 대한 걱정으로 학교에 있는 급수대를 사용하지 못하게 되면서 아이들이 물병을 가지고 다니기 시작했고, 지금도 그대로 이어지고 있습니다. 되도록 작은 물병으로 구입하고, 준비한 물병이 책가방에 들어가는지 한번 확인해 보세요.

또 책가방 안쪽보다는 바깥쪽에 물병을 넣어 다니게 해 주세요. 아이가 물병을 잘못 닫기도 하는데 책가방 안에서 물이 쏟아지면 필통, 책이 다 젖어 버립니다. 책가방의 바깥쪽에 물병을 넣어 두면 책가방 안쪽까지는 잘 젖지 않겠죠.

⚇ 줄넘기 △

2월에 줄넘기를 미리 사지는 마세요. 1학년에서 줄넘기를 많이 하기는 하지만, 안 하는 학교도 많습니다. 물론 1학년 아이들에게 줄넘기는 무척 좋은 운동입니다. 몸을 움직이는 것뿐 아니라 특유의 리듬에 맞추어 줄을 넘는 것이 눈과 손의 협응력 발달에 큰 도움이 되며, 아이의 성장에도 좋습니다. 가정에서 연습용으로 준비하는 것이라면 추천합니다.

👤 보드마커, 지우개 X

보드마커, 보드마커 지우개는 구입하지 않아도 됩니다. 학교에서 보드마커나 지우개를 사용한다면 보통 담임교사가 구비해 둡니다. 학교에는 1인당 3만 원씩 1년 학습준비물 예산이 나옵니다. 그 돈으로 아이들의 만들기 재료나 필요한 학습준비물을 구입합니다.

지금까지 정리해 둔 열한 가지의 준비물 이외에 미니 청소 세트(빗자루, 쓰레받기), 리듬악기 세트, 각종 악기(소고 등) 등 아리송한 학용품들은 미리 준비하지 마세요. 필요한 것들은 입학식 때 담임선생님이 친절하게 안내하고, 안내장으로도 알려 줄 거예요.

회사마다 업무 방식이 다르듯이 담임선생님들의 학급 운영 방식 또한 모두 제각각입니다. 한 학급은 온전히 담임선생님 재량으로 1년이 흘러가기 때문에 담임선생님의 학급 운영 스타일에 맞춰 입학식 때 안내하는 준비물도 달라집니다.

초등학생의 책가방

요즘 초등학생들의 책가방에는 무엇이 들어 있을까요? 학급마다 조금씩 차이는 있지만 매일 들고 다니는 준비물은 보통 아래와 같습니다.

· 필기도구가 든 필통
· 알림장
· 안내장을 담는 ㄴ자 파일(흔히 '우체통'이라고 부름)
· 개인 물통

여기에 숙제가 있는 학급이라면 숙제가 추가됩니다. 또 아이들의 독서를 중요하게 생각하는 담임선생님이 지도한다면 틈틈이 읽을 책을 갖고 다니는 것이 추가되죠.

뭔가 중요한 것이 빠진 것 같지 않나요? 아이들 가방에서 교과서가 빠졌습니다. 교과서는 학교생활에서 가장 필요한 준비물이죠. 과거에는 그날그날 공부할 교과서를 모두 가방에 넣어 메고 다녔습니다. 그러니 매일 시간표를 확인해야 했고, 요일마다 공부하는 과목이 일정했습니다.

요즘 초등학교는 아이들이 책을 갖고 다니지 않게 합니다. 사물함에 모든 교과서를 보관하고 그날그날 바로 꺼내서 공부합니다. 가정으로 교과서를 가져갈 때는 보통 그 교과서의 학습이 끝나고 나서입니다.

아이가 학교에서 잘 공부하고 있는지 궁금하여 교과서를 확인하고 싶어 하는 부모님이 종종 있습니다. 글씨는 잘 쓰는지, 수업에는 잘 따라가는지 걱정되는 것이죠. 이럴 때는 아이에게 교과서를 집으로 가져오라고 하면 됩니다. 그리고 그다음 날 바로 학교로 보내 주면 전혀 문제가 없습니다.

학교 교과서로 우리 아이의 예습, 복습을 시켜 주고 싶다면 인터넷으로 초등학교 1학년 교과서를 구입할 수 있습니다. 한 권당 7천 원에서 1만 원 사이의 가격으로 쉽게 구입이 가능합니다.

국어 교과서	수학 교과서	통합교과 교과서

1학년 교과서 구매 사이트 바로 가기

📖 알림장) 매일 쓰는 개인용품은 여분을 구매해 두세요

바쁜 엄마 아빠를 종종 당황스럽게 만드는 것이 바로 '내일까지 가져오세요'라는 안내입니다. 요즘에는 학교 앞 문구점이 없는 곳이 많고, 이런 알림장 안내를 밤에 확인하게 되면 다음 날까지 준비물 구하기가 쉽지 않습니다.

물론 학습준비물은 학교에서 준비해 주기 때문에 초등학교에서 급하게 사야 할 준비물은 거의 없습니다. 담임으로서 아이들에게 "내일까지 가지고 오세요"라고 얘기하는 것은 의외로 알림장, 풀, 가위, 연필, 지우개같이 매일 사용하는 개인용품입니다. 예를 들어, 아이가 연필이 하나도 없어서 친구에게 빌려 쓰고 있다면 다음 날까지 가져오라고 안내하는 것이죠. 또는 알림장을 다 써서 쓸 수 없으면 새 알림장이 필요하니 내일까지 준비해 오라고 안내합니다.

이런 이유로 만약 학교 입학식 안내장에서 안내하는 준비물 중 자주 쓰는 개인용품은 여분으로 더 사 두는 게 좋습니다. 보관해 두었다가 아이가 다 썼다고 하면 다음 날 바로 보내기 편리합니다.

소소한 이야기지만, 최근 학용품을 많이 구매하는 다○소, 쿠○ 같은 곳은 공책을 보통 열 권씩 팝니다. 풀도 한 개씩은 팔지 않죠. 소규모 문구점을 보호하기 위한 정책 때문입니다. 급하다고 알림장을 열 권 사면 남은 공책은 처리하기도 애매합니다. 그래서 미리 문구점에서 한 권, 한 개씩 여분을 구비해 두고 필요할 때 바로 챙겨 주면 됩니다.

CHAPTER 2

우리 아이,
이제 학교에
가요

PART
1

초등학교
입학 절차

초등학교 선택하기

    예전에는 자녀를 집에서 가까운 초등학교에 보내는 것이 일반적이었다면, 최근에는 여러 초등학교의 장단점을 비교하여 신중하게 선택하는 경우가 늘고 있습니다. 자녀에게 적합한 초등학교를 찾아 주고 싶은 마음 때문이죠.

    초등학교의 유형은 생각보다 다양한 형태로 나뉘어 있습니다. 공립초, 국립초, 사립초, 국제학교, 대안학교, 혁신학교, 행복학교 등 이름은 비슷하지만 그 성격이나 운영 방식은 각각 다릅니다. 이름만 들어서는 어떤 학교인지 쉽게 감이 오지 않는 경우도 많습니다.

    우리 아이에게 맞는 초등학교를 고민하는 데 도움이 될 수 있도록 우리나라의 다양한 초등학교 유형을 자세히 알아보겠습니다.

⦂ 공립초등학교

공립초등학교는 시·도 교육청에서 학교를 세우고 교육청 예산으로 학교의 재정을 운영합니다. 우리나라에서 가장 흔히 볼 수 있는 초등학교로 대부분의 초등학생이 공립초에 다니고 있죠.

교사 및 행정실 직원 등 교직원들도 시·도 교육청에서 임용합니다. 교사는 초등 정교사 자격증을 갖추고 초등임용시험에 합격한 사람이 정식으로 근무할 수 있습니다. 공립초에 다니는 아이들은 거주 주소지에 따라 학교가 배정되기에 가까운 거리의 초등학교를 다닙니다. 또 무상교육을 실시하고 있죠.

학교 및 학급의 교육과정이나 수업은 국가 교육과정을 따릅니다. 최근에는 2022 개정 교육과정에 근거해 학교별 교육 계획을 만들어 아이들에게 가르치고 있습니다. 물론 학교장의 권한으로 다양한 교육을 할 수 있으나 각 지역 교육청에 소속되었기에 교육청에서 내려오는 각종 사업이나 공문에 협조하며 교육활동을 운영합니다.

혁신학교

혁신학교는 경기도 광주시의 남한산초등학교를 처음으로 시작된 공립학교의 혁신적인 모델 학교입니다. 보통 일반 공립초를 혁신학교로 정해 학생 중심의 창의적 교육을 실천하며 학교가 운영됩니다. 일반 공립초에 비해 교사의 자율성이 높고, 학습자 중심의 교육활동을 수행합니다.

혁신학교는 시·도 교육청의 혁신적인 모델이기에 다른 학교에 비해 더 많은 예산을 부여받아 일반 공립초등학교보다 질 좋은 체험활동을 할 수 있다는 장점이 있습니다. 또 혁신학교도 공립학교이기에 무상교육을 실시하고 있어요.

물론 교사의 수업 자율성과 학습자의 창의성이 존중되다 보니 혁신학교마다 교육의 방식이나 운영의 차이가 있어 일관성 있는 교육이 이루어지지 않는다는 지적도 있었습니다.

혁신학교는 지역별로 이름이 다릅니다. '행복배움학교'(인천), '행복더하기학교'(강원도), '행복공감학교'(충남), '다행복학교'(부산) 등 다양한 이름을 가지고 있습니다.

국립초등학교

국립초등학교는 시·도 교육청 소속이 아니라 교육부에서 학교를 설립하고 운영하는 학교입니다. 공립초의 수는 굉장히 많지만, 국립초는 학교의 수가 매우 적습니다. 수는 적은데 국립초에 입학하려는 신입생이 많아 별도의 입학 과정을 거칩니다. 신입생 원서를 작성하고 추후에 추첨으로 신입생을 뽑기도 하지요.

국립초는 대부분 교대의 부설초등학교이기에 교육 연구 및 실험에 자주 참여합니다. 교대의 교사 양성 과정의 실습학교로 활용이 되어 학교에 교생선생님이 해마다 방문해요. 또 아이들이 교복을 입고 학교를 다닌다는 특징이 있어요.

대표적인 국립초로는 서울교육대학교 부설초등학교, 경인교육대학교 부설초등학교, 진주교육대학교 부설초등학교 등이 있습니다.

🎙 사립초등학교

사립초등학교는 사립 재단(학교 법인)이 운영하는 학교입니다. 국가 교육과정을 따르지만 학교 운영 방법이나 교육활동을 사립 재단에서 결정할 수 있습니다. 그래서 각 사립학교에서 중요하게 여기는 교육 방향에 따라 학교별로 교육 특색이 뚜렷한 것이 특징이에요. 다양한 교육 및 방과 후 강좌 프로그램을 제공하고, 공립학교에 비해 더 적은 인원수로 소규모 학급을 운영합니다.

교사를 비롯한 교직원 임용도 재단의 이사장과 재단의 방침에 따라 이루어져요. 공립학교와 달리 높은 학비가 요구되고 아이들이 대부분 교복을 입고 학교를 다닙니다.

우리나라에 등록된 74개의 사립초등학교 중 수도권에만 46개의 사립초가 있고 그중 서울에만 38개의 사립초가 몰려 있습니다. 대표적으로 알려진 사립초등학교는 서울삼육초등학교, 선화예술초등학교, 한양초등학교, 대구효성초등학교 등이 있습니다.

또한 사립학교도 국립초와 같이 입학전형이 있습니다. 입학 희망자를 대상으로 입학원서를 받고, 인기가 많은 사립학교는 초등학교 입학생을 뽑기 위해 추첨을 하죠. 구체적인 입학 절차와 시기는 학교마다 다르기 때문에 만약 관심이 있는 분은 해당 학교의 홈페이지를 참고하시기를 바랍니다.

국제학교

국제학교는 우리나라에 있는 외국교육기관으로 국제자유구역 및 경제자유도시에 설립된 외국 학교의 우리나라 내 캠퍼스라고 보면 됩니다. 보통 국제학교는 유초등, 중등, 고등 과정이 한 학교에서 이루어지는데, 만 7세 아이들이 국제학교에 입학한다면 이 중 초등 과정에 신입생으로 들어가는 것이죠.

국제학교의 본교가 위치한 나라의 교육과정을 따르기 때문에 학교별로 독특한 교육 프로그램을 운영하고 있습니다. IB 국제학교의 대부분이 영어를 사용하는 미국과 영국, 캐나다에 본교를 두고 있어 학교 수업 중 영어를 사용합니다.

국제학교의 학비는 연간 3~4천만 원으로 우리나라의 사립초등학교에 비해 월등히 높습니다. 또한 별도의 입학전형이 있고 경쟁률이 높은 것이 특징입니다. 대표적인 국제학교로는 채드윅국제학교(Chadwick International School, CIS), 칼빈매니토바국제학교(Calvin Manitoba International School, CMIS), 대구국제학교(Daegu International School, DIS)가 있습니다.

⁝ 대안학교

대안학교는 공교육의 한계를 극복하기 위해 만들어진 학교입니다. 공교육의 대안으로 발도르프 교육, 생태주의 교육 등 대안학교의 중요한 가치에 따라 자유로운 교육과정을 만들고 이를 창의적이고 자율적인 교육활동으로 풀어냅니다.

대안학교는 정부의 인가를 받은 학교와 정부의 인가를 받지 못한 비인가 학교로 나뉩니다. 정부의 인가를 받은 학교는 학력을 인정받을 수 있으며 정부의 예산도 함께 지원받습니다. 그래서 인가를 받은 대안학교는 비교적 학비가 저렴한 편입니다. 비인가 학교는 정부 예산을 지원받을 수 없으니 비교적 학비가 높은 편이죠. 그 대신 대안학교만의 교육과정을 자유롭게 계획하고 실행할 수 있습니다.

대안학교는 주로 중고등 과정만을 운영하는 학교가 많습니다. 초등학교 과정까지 있는 대안학교는 초중고를 통합하여 운영하는 경우가 일반적이고요. 독창적이고 자율적인 교육을 원하는 부모님이라면 대안학교에 관심을 가져 볼 만합니다. 다만 학교마다 입학 절차나 서류가 다르니 보내고 싶은 대안학교의 홈페이지를 꼼꼼히 살펴보세요.

2
취학통지서와 예비소집

취학통지서는 11월 말에서 12월 중순 사이에 동네 통장님이 가져다 주거나 우편으로 옵니다. 물론 온라인 '정부24'에서 직접 발급받을 수도 있습니다. 방법이야 어찌 되었든, 두근두근 떨리는 마음으로 취학통지서를 확인하면 '0월 0일 예비소집일'에 참석하라는 말이 적혀 있을 거예요. 우리 아이 초등학교 생활의 첫 관문인 예비소집이 다가오고 있다는 뜻입니다.

담임교사로서 예비소집일을 운영하다 보면, 부모님들에게 가장 많이 듣는 말이 있습니다.

"벌써 끝난 거예요?"

취학통지서를 제출하고 묻는 그 질문에 "네, 이제 가셔도 돼요"라고 대답하면 대부분 당황하는 듯한 느낌을 받습니다. 처음이라 약간의 긴장과 걱정을 안고 왔는데 생각보다 일찍 끝나서일 겁니다. 자주 듣는 질문을 통해 예비소집에 대한 궁금증을 풀어 보려 합니다.

예비소집 왜 하나요?

초등학교 예비소집을 하는 이유는 먼저 아이가 잘 있는지를 정부가 확인하기 위해서예요. 혹시 학대받거나 안전상 위협을 받고 있는 아이는 없는지 살피는 것이죠. 만약 예비소집 때 학부모와 계속 연락이 닿지 않으면 경찰에 협조를 구하여 학생의 안전을 확인합니다. 이런 이유로 2024년 입학생부터는 반드시 아이를 예비소집에 동행하도록 하는 대면 방식으로 바뀌었어요. 예비소집일에는 연차나 어린이집 일정을 조정해야 합니다.

그리고 예비소집에서 아이가 어떤 초등학교에 갈지를 미리 확정해요. 부모님은 예비소집 날 어떤 학교를 갈 것인지 확정 짓고 해당 학교에 취학통지서를 제출해야 하죠. 가정마다 특수한 사정이 있기 마련입니다. 이사, 홈스쿨링, 주재원 등 여러 요인으로 학교를 옮기기도 하고, 학교에 입학하지 않기도 하거든요. 이러한 상황을 학교는 모두 알고 있어야 합니다. 한 아이가 다른 지역으로 이사를 가서 등록하지 못했다면 진짜 그 학교에 갔는지 확인하고 서류로도 남깁니다.

만약 가정의 사정으로 초등학교 입학이 어렵다면 예비소집일 이전에 학교로 연락하여 미리 서류를 준비하기 바랍니다.

⚇ 예비소집은 언제 어디서 하나요?

예비소집 행사는 대부분 입학할 초등학교에서 12월 말부터 1월 초에 열립니다. 정확한 예비소집 날짜와 장소는 취학통지서와 함께 전달되는 '예비소집 안내장'에 적혀 있어요.

보통 예비소집은 1차와 2차 시기가 있습니다. 1차 예비소집일에 참석하지 못할 경우, 반드시 학교로 연락을 해 보세요. 1차 예비소집일부터 예비소집에 오지 않은 가정의 아이 소재를 파악하기 때문이에요.

실제로 예비소집 행사를 진행하다 보면 한두 가정은 사정이 생겨 참석하지 못하는 일이 생깁니다. 학교에서는 그 학생을 위한 서류를 따로 빼놓고 다음 날이나 2차 예비소집일 등으로 약속을 정하여 예비소집을 진행합니다. 학교로 미리 연락해 두면 학교에서는 방법을 마련해 함께 의논할 겁니다. 만약 가정과 연락이 닿지 않으면 1차 예비소집일부터 가정방문을 하기도 합니다.

또 부모님을 대신해 친척이 아이와 동행해도 괜찮습니다. 요즘은 맞벌이 가정이 많고 가정마다 사정이 있다 보니 부모가 동행하지 못하는 경우가 생길 수 있지요. 그럴 때는 부모님 대신 할아버지, 할머니나 이모, 고모, 삼촌 등 친척이 아이와 함께 예비소집에 방문하기도 합니다. 다만 제출해야 하는 취학통지서를 잘 챙겨서 아이와 함께 학교를 방문할 수 있게 해 주세요.

🎙 예비소집에 뭘 가져가야 하나요?

취학통지서만 지참하면 됩니다. 만약 깜빡하고 가져오지 않았다면 예비소집 절차를 밟을 수 없어요. 취학통지서는 학교에 반드시 제출해야 하는 서류이기 때문이에요. 대부분 지역에서는 예비소집을 통해 취학통지서를 직접 제출하지만, 서울시는 2024년 입학생부터 인터넷으로도 제출 가능합니다. 다만 인터넷으로 제출하더라도 예비소집에는 아이와 동행하여 학교를 방문해야 한다는 점은 동일합니다.

혹 취학통지서를 잃어버렸더라도 너무 걱정하지 마세요. 취학통지서는 읍, 면, 동의 행정복지센터나 온라인 정부24에서 재발급받을 수 있습니다.

🎙 예비소집에서 뭘 하나요?

학교마다 조금씩 다르지만, 기본적으로 세 가지입니다.

첫째, 취학통지서를 제출한다.

둘째, 교사가 아이의 안전을 확인한다.

셋째, 학교에서 나누어 주는 안내장을 받는다.

이 세 단계에서 종종 지역이나 학교마다 추가되는 것이 있을 수 있습니다. 이 중 첫 번째 단계인 취학통지서 제출은 모든 학교의 공통 사항입니다.

두 번째 단계로 아이의 안전을 눈으로 확인합니다. 이 단계에서 아이의 신변을 확인하기 위해 예비소집 담당 교사가 아이와 간단한 대화를 나누기도 합니다. 어렵고 심각한 대화는 아니고, '이름은 뭐예요?'처럼 아이가 쉽게 답할 수 있는 질문을 던집니다.

세 번째 단계로 꽤 많은 안내장을 예비소집 때 가정으로 배부합니다. '초등학교 생활의 안내' '신입생 기초자료 조사서' '개인정보제공 동의서' '방과 후 학교 신청서' 등 신입생으로서 알고 있어야 하는 내용이나 담임교사가 참고할 자료, 각종 동의서 등을 받습니다. 예비소집일부터 3월 중순까지 학교에 제출하는 서류나 안내장이 많으니 이 시기에는 누락된 안내장이 없는지 꼼꼼하게 살펴 주세요.

돌봄교실 신청자는 대부분 예비소집 당일에 신청서를 제출합니다. 돌봄교실은 입학 전에 입금 절차가 끝나기 때문이에요. 입학한 후에 부모님들에게 종종 "네? 돌봄교실 신청이 벌써 끝났다고요?"라는 이야기를 듣습니다. 중간 입금도 가능하지만 돌봄교실에 남는 자리가 없으면 도와드리기가 어려워요.

돌봄교실에 대한 내용은 취학통지서와 함께 받는 서류들(예비소집 안내장, 돌봄교실 안내장 등)에 자세히 설명되어 있어요. 주로 큰 노란 서류봉투나 편지봉투에 취학통지서와 서류들이 담겨 옵니다. 취학통지서와 함께 받는 '학교 안내장'을 꼼꼼히 살펴보시고 안내장의 제출 기한을 꼭 확인해 두시기를 바랍니다. 어린이집, 유치원에서 많이 경험하셨겠지만, 신청서와 증빙서류 제출 등은 제출 기한이 매우 중요합니다.

Q. 입학식을 앞두고 이사를 가게 되었어요

이사가 가장 몰리는 시기는 언제일까요? 바로 가을부터 1~2월까지로, 아이들의 새 학기, 새 학년이 시작되기 전입니다. 아이들의 학교생활은 어른들에게도 상당히 중요한 문제죠. 자녀가 새로운 학교에 잘 적응할 수 있도록 이사 날짜를 가능한 한 새 학년이나 새 학기 시작 전에 맞추는 경우가 많습니다. 다른 학년보다 학교 적응에 대한 걱정이 큰 1학년도 마찬가지입니다.

문제는 '취학통지서' 발급입니다. 각 지역의 행정복지센터에서는 취학통지서를 발급할 명단을 미리 확정 짓습니다. 그리고 대부분 12월 중순까지 취학통지서를 발급합니다. 이 무렵 이사가 예정되어 있을 경우, 혹시나 취학통지서를 받지 못할까 봐 걱정하는 부모님들이 있습니다. 이럴 때는 어떻게 해야 할까요?

취학통지서를 받기 전에 이사를 갔어요

취학통지서를 받기 전인 10~11월 사이에 이사한 상황이라면, 새로운 주소지의 새로운 학교로 취학통지서가 나올 예정이니 기다리면 됩니다. 다만 전입신고가 돼 있어야 하니 서둘러 주세요.

취학통지서를 받고 나서 이사를 가게 되었다면 먼저 취학통지서가 나온 학교의 교무실에 이사를 가게 되어 예비소집에 불참할 예정이라고 알려 주세요. 그러지 않으면 예비소집 날에 이전 학교에서 아이가 잘 있는지 확인 전화를 하게 됩니다.

그다음은 이사 간 지역의 행정복지센터에 새로운 주소지로 전입신고 뒤, 새로운 학교의 취학통지서를 다시 받습니다. 전입신고가 이미 되어 있다면 온라인 정부24에서 취학통지서를 출력할 수 있습니다.

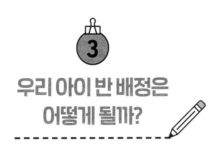

우리 아이 반 배정은 어떻게 될까?

1학년의 반 배정은 학부모님들이 자주 궁금해하는 부분입니다. 아무래도 1학년은 초등학교에서 가장 어리고 환경에 영향을 많이 받다 보니 학부모의 입장에서 반 아이들이 어떻게 구성되는지 저절로 관심이 가는 것 같습니다. 초등학교 신입생의 반 배정은 어떻게 하게 될까요?

⚬ 반 배정의 기준

학교는 행정복지센터로부터 제공받은 아이들의 정보로 1학년 반 배정을 합니다. 그래서 기본적으로는 이름이나 생년월일을 기준으로 하여 아이들이 고루 섞일 수 있도록 배정합니다. 또 아이들의 학교생활을 위해 동명이인이나 비슷한 이름을 가진 아이들은 가급적 같은 반에 배정되지 않게 합니다. 그러다 보면 아이들끼리 규칙 없이 섞이기 쉬워 어떤 아이가 몇 반이 될지 예측하기가 어렵습니다.

그 밖에 외국 국적 등 다문화 아동, 장애 아동이 있는 경우는 미리 숙지하고 담임선생님이 잘 케어할 수 있도록 반별로 고루 배정되게 하지요. 또 쌍둥이인 경우, 부모의 희망에 따라 아이들을 같은 반에 배치하기도 하고, 다른 반으로 나누어 배치하기도 합니다.

반 인원수

한 반에 45~50명씩 있던 예전의 학교와는 다르게 지금은 한 반 정원의 기준이 26~30명입니다. 대개 한 반에 25명 남짓 편성되며, 만약 1학년 총인원이 100명이라면 한 반에 25명씩 네 개 반이, 총인원이 60명이라면 한 반에 30명씩 두 개 반이 됩니다.

흔히들 아시는 것과 달리 한 반 인원은 학교가 크고 작은 것과는 크게 관계가 없습니다. 다만, 예외는 있습니다. 대형학교를 넘어서 초대형 학교가 된 케이스예요. 주변의 아파트 입주 등으로 전학생이 너무 많아 과학실, 영어실 등을 모두 일반 교실로 바꾸고도 교실을 더 만들 수 없는 경우가 있습니다. 중간에 교실을 더 만들지 못하니 어쩔 수 없이 33, 34명까지 한 반에 배정하기도 합니다.

이런 현상도 잠시이고, 전학생이 몰리는 경우에는 간이 조립식 교실인 모듈러 교실 등을 학교에 설치하여 반을 더 만듭니다. 그리고 반을 나누어서 한 반 인원이 30명 이내가 될 수 있게 배려합니다.

피하고 싶은 아이가 있어요

"선생님, 우리 아이가 ○○이와는 같은 반이 안 되었으면 좋겠어요."

아무래도 유치원이나 어린이집에서 뭔가 일이 있었나 봐요. 오죽하면 그런 마음이 드셨을까요?

만약 아이가 극심한 괴롭힘을 당했다거나 유아 기관에서 학교폭력, 성 사안 문제 등 사건이 있었다면 학교 교무실에 문의해 볼 수 있습니다. 학교도 담임교사도 아이가 힘들어하는 것은 결코 바라지 않습니다. 학교에서 공식적으로 신입생 반 배정에 학부모의 의견을 반영하겠다, 라고 밝히지는 않지만 특수 케이스는 고려하기도 합니다. 서두르지 말고, 예비소집을 하고 난 이후에 연락해 보세요.

심각한 사안이 아니라면 우리 아이를 위해서 그 아이와 반드시 다른 반이 되어야 하는지 다시 한번 숙고하는 것도 필요합니다. 어른들도 안 맞는 사람들과 같이 지내야 하는 때가 있는데, 아이들도 다양한 성격의 사람들과 지내 보며 남들이 나와 다르다는 것을 충분히 익혀야 하기 때문이에요. 어른의 개입으로 환경을 조정하게 되면 아이는 좀 더 마음 편하게 생활할 수 있겠지만 불편한 관계의 사람과 지내는 법은 배우지 못할 수도 있습니다.

PART 2

우리 아이의
학교생활

초등학교
아침 등교 시간

1학년에게는 등교와 하교가 무엇보다 중요합니다. 그중에서 등교는 특히 맞벌이 가정에 정말 중요한 부분입니다. 아이를 학교에 안전하게 보내야 부모가 마음 놓고 직장에 출근할 수 있기 때문이죠. 초등학교의 등교에 대해 하나씩 알아봅시다.

학교에는 몇 시까지 가야 할까요?

전국적으로 모든 초등학생의 등교 시간이 동일할 것 같지만, 실제로는 지역마다 다소 차이가 있습니다. 대부분의 지역에서는 8시 30분 또는 8시 40분까지 등교를 합니다. 서울, 경기의 일부 지역에서는 9시까지 등교하는 학교도 많아요. 특히 경기도의 경우, 학교 구성원과의 협의를 통해 등교 시간을 정합니다. 같은 경기도라도 학교마다 등교 시간이 다른 이유죠.

예전에는 아이들이 학교에 일찍 도착해 텅 빈 교실에 앉아서 선생님과 친구들을 기다리는 일도 있었지만, 요즘은 아이들의 안전을 위해 선생님이 출근하는 8시 30~40분에 맞춰 등교하도록 하고 있습니다.

늦지 않는 습관을 길러요

초등학교는 의무교육기관으로 '학생생활기록부'라는 서류에 학생의 출결 사항을 기록으로 남깁니다. 유치원이나 어린이집에서는 아이의 등원 여부와 결석 횟수를 서류로 남기지 않죠. 초등학교부터는 결석뿐 아니라 지각, 조퇴, 결과 처리까지 세밀하게 기록합니다.

이 중 아침 등교 시간과 가장 밀접한 관련이 있는 것은 '지각'이에요. 원칙적으로 등교 시간에서 1분이라도 늦으면 지각으로 기록됩니다.

지각하지 않도록 아이와 함께 등교 시간을 미리 이야기하고, 아침 일과를 계획적으로 준비하는 습관을 키워 나가면 좋겠죠. 이를 통해 학교생활을 더 규칙적이고 즐겁게 시작할 수 있을 거예요.

🔹 등교 시간, 교문 앞까지인가, 교실 앞까지인가?

만약 등교 시간이 8시 40분이라면, 8시 40분까지 교문에 도착해야 할까요, 교실에 도착해야 할까요? 정답은 8시 40분까지 교실에 도착해야 한다, 입니다. 출결을 확인하는 교사가 교실 안에 있으니 교실로 등교 시간까지 도착해야 합니다.

아이가 등교 시간 10분 전까지 학교 교문에 도착하게 도와주세요. 아이들은 교문에서 교실로 들어가는 길에 만난 친구와 이야기를 나누거나 주변을 두리번거리며 걷기 때문에 같은 거리를 가더라도 어른보다 훨씬 많은 시간이 걸립니다. 그래서 9시까지 등교라면 8시 50분까지 교문에 도착하고, 8시 40분까지 등교라면 8시 30분까지 등교한다고 생각하고 준비하는 것이 여유로운 아침을 만들 수 있습니다.

🔹 아이가 일찍 학교에 가야 할까요?

만약 가정 상황상 아이가 학교 등교 시간보다 일찍 가야 한다면, 부모 입장에서는 고민이 많을 거예요. 특히 맞벌이 가정의 경우, 엄마 아빠 모두 일찍 출근해야 하는 상황이 흔하죠. 초등학교 1학년은 아이 혼자 등교를 하라기에는 아직 어린 나이입니다.

이럴 때, 일단 아이가 다닐 학교에 '아침 돌봄'이 있는지 알아보세요. 아침 돌봄 사업은 아이들이 아침 7~8시 사이에 등교하여 돌봄을 받을 수 있도록 돕는 프로그램입니다.

다만, 모든 학교가 아침 돌봄을 운영하는 것은 아니니, 아이가 다닐 학교에 해당 프로그램이 있는지 미리 커뮤니티 카페, 학교 홈페이지 등을 이용해 알아보세요.

3월 초 입학
적응 기간

많은 학교에서 1학년 아이들의 학교 적응을 위한 입학 적응 기간을 운영합니다. 처음으로 학교라는 낯선 공간에 오는 아이들이 배려하여 온전히 학교에 적응만 할 수 있도록 돕는 기간이죠. 입학 적응 기간은 평소와 무엇이 다를까요?

점심 먹고 하교해요

가장 큰 특징은 점심을 먹고 일찍 하교하는 것입니다. 첫 학교생활을 시작하는 3월 1~2주 동안은 4교시까지만 수업하고, 점심을 먹은 후 하교합니다. 갓 입학한 아이들은 수업 시간 자체에 익숙하지 않기 때문에, 일반적인 1학년 시간표보다 단축하여 조금씩 적응할 수 있도록 돕는 것이죠.

새로운 환경, 낯선 선생님, 그리고 처음 만나는 친구들 사이에서 긴장감을 느끼는 아이들은 이 기간 동안 집에 오면 기진맥진하는 경우가 많습니다. 평소 낮잠을 자지 않던 아이들도 피곤해 낮잠을 자기도 하죠. 씩씩한 아이라도 평소보다 긴장하고 불안감을 느끼기 때문에 이러한 반응은 매우 자연스러운 것입니다.

입학 적응 기간을 통해 아이들은 점차 새로운 환경에 적응하고, 학교생활에 필요한 자신감을 쌓아 나갈 수 있습니다.

학교 적응과 한글 기초를 위한 수업

아이가 입학하고 처음 학교에 가는 3월. 부모님들은 학교에서 무엇을 배우고 오는지 무척 궁금해합니다. 아이가 학교에서 돌아오면 자연스럽게 오늘 무엇을 배웠는지, 선생님이 어떤 말씀을 하셨는지 묻게 되죠.

이 시기에는 아이가 학교에 잘 적응하는 것이 가장 중요한 목표이기 때문에 수업 내용도 학교에 적응하는 방법을 중심으로 진행됩니다. 학교가 어떤 곳인지 학교에서 무엇을 어떻게 사용할 수 있는지를 배우는 수업이 많습니다. 예를 들어, 교실에 어떤 물건들이 있는지 알아보고, 선생님의 이름을 적어 보기도 해요. 학교 나들이를 다녀오며 도서관이나 보건실 같은 다양한 시설을 직접 살펴보고 학교생활에 필요한 정보를 익히는 활동도 하죠.

또, 한글에 대한 흥미를 자연스럽게 키우기 위한 한글 놀이도 함께 합니다. 본격적으로 자음과 모음을 배우기 전에 그림과 글자의 차이점, 세종대왕이 한글을 만든 이야기, 자음과 모음 구분하기 등을 배우며 한글에 대한 기초 지식을 쌓습니다. 아이들은 점토로 글자를 만들어 보는 등 글자 놀이를 하며 한글에 친숙해지죠.

그리고 글자를 구성하는 선을 올바르게 긋기 위해 다양한 활동을 진행합니다. 이러한 선 긋기 활동은 한글 쓰기 기초를 다지는 중요한 과정이에요.

입학 적응 기간의 수업은 아이들이 학교와 한글에 대한 자신감을 키우고, 자연스럽게 새로운 환경에 적응할 수 있도록 돕는 역할을 합니다.

1학년 아이들의 일과표

학교생활은 '수업 시간'을 기준으로 하루 일과가 짜입니다. 초등학교의 수업 시간은 40분으로 정해져 있어요. 흔히 '한 시간 수업'이라고 말하지만 60분을 꽉 채우지 않아요. 초등학생이 최대한 집중력을 유지할 수 있는 40분을 기준으로 한 시간 수업을 진행합니다.

각 학교에서는 이 수업 시간을 기준으로 시간표와 시정표를 어떻게 운영할 것인지 결정할 수 있습니다. 그러다 보니 학교마다 수업이 시작되는 시간, 점심시간, 그리고 요일별로 몇 교시를 할지 등은 조금씩 다를 수 있어요. 학교마다 학생들의 특성과 필요에 맞춰 탄력적으로 운영되기 때문이죠.

그렇다면 1학년의 수업 시간표와 하루의 시정표는 어떻게 운영되고 있을까요?

🔗 일주일 시간표

	월	화	수	목	금
1교시	국어	수학	국어	수학	국어
2교시	국어	수학	국어	수학	국어
3교시	통합교과	통합교과	통합교과	통합교과	통합교과
4교시	통합교과	통합교과	통합교과	통합교과	통합교과
5교시		창의적 체험활동		통합교과	창의적 체험활동

1학년은 보통 일주일 동안 주 3회 5교시 수업을 하고, 주 2회 4교시 수업을 합니다. 즉, 일주일 세 번은 점심 먹고 한 시간 수업한 후 하교 하고, 나머지 두 번은 점심 먹고 바로 하교하는 일정이죠. 4교시 수업 을 하는 요일은 학교마다 다를 수 있습니다.

🔗 하루의 시정표

학교마다 다른 것은 시간표보다 시정표입니다. 초등학교의 수업 시 간은 전국 공통으로 40분이지만 쉬는 시간은 전국 공통으로 정해지지 않았습니다. 그러다 보니 학교별로 자체적으로 시정표를 구성하고, 쉬 는 시간을 조정하죠.

어떤 학교는 쉬는 시간을 10분으로 설정하는 반면, 다른 학교는 15분 또는 그 이상으로 운영할 수도 있어요. 점심시간 역시 어떤 학교는 50분, 어떤 학교는 40분으로 다르게 제공합니다. 이처럼 시정표는 학교의 상황과 학생들의 필요에 맞춰 조정되기 때문에, 학교별로 다른 하루 일과를 경험할 수 있습니다.

일반 시정표

	시간
1교시 (40분)	9:00 ~ 9:40
쉬는 시간 (10분)	9:40 ~ 9:50
2교시 (40분)	9:50 ~ 10:30
쉬는 시간 (10분)	10:30 ~ 10:40
3교시 (40분)	10:40 ~ 11:20
쉬는 시간 (10분)	11:20 ~ 11:30
4교시 (40분)	11:30 ~ 12:10
점심시간 (50분)	12:10 ~ 13:00
5교시 (40분)	13:00 ~ 13:40

수업과 수업 사이에 10분씩 쉬는 시간을 두고 4교시가 끝난 뒤에 점심을 먹는 일반적인 시정표입니다.

일반적인 시정표의 장점은 교과서 속 대부분의 수업들이 40분 수업을 기준으로 구성되어 있어 무난하게 수업을 듣기 좋다는 데 있습니다. 또 짧은 집중력을 가진 저학년 아이들에게 중간중간 알맞은 때에 쉬는 시간을 줄 수 있지요.

블록타임제 시정표

	시간
1블록 (80분)	9:00 ~ 10:20
쉬는 시간 (30분)	10:20 ~ 10:50
2블록 (80분)	10:50 ~ 12:10
점심시간 (50분)	12:10 ~ 13:00
5교시 (40분)	13:00 ~ 13:40

일반적인 시정표로 수업하는 학교도 있지만, 1교시와 2교시를 합하여 두 시간을 연달아 수업하는 블록타임 수업을 실시하는 학교도 많습니다. 1블록(1교시+2교시)으로 80분 수업을 하고, 블록과 블록 사이의 쉬는 시간을 다소 길게 갖는 것이죠.

블록타임 시정표의 가장 큰 장점은 아이들이 쉬는 시간에 흐름이 끊기지 않게 길게 놀 수 있다는 점이에요. 일반적인 10분 쉬는 시간은 놀이가 좀 재미있어지려고 할 때 끝나 버리니 아이들이 많이 아쉬워합니다. 블록타임제로 긴 쉬는 시간을 확보하면 놀이가 끊기지 않고 충분히 놀 수 있습니다.

또, 긴 호흡을 필요로 하는 수업에 적합하다는 장점이 있습니다. 특히 저학년에서 많이 이루어지는 만들기나 놀이 수업은 40분 이내에 수업을 끝내기 어렵죠. 아이들도 활동에 몰두해 있을 때 수업이 끝나 버리면 오히려 흐름이 끊어져 아쉬워하기도 해요. 2교시를 연달아 수업하면 만들기와 놀이, 기악, 프로젝트 수업 등을 몰입도 있게 운영할 수 있습니다.

다양한 변형 시정표

이 일반적인 시정표와 블록타임제 시정표에서 중간중간 쉬는 시간을 조금씩 조절하며 학교와 상황에 맞게 변형할 수 있습니다.

	시간
1교시 (40분)	9:00 ~ 9:40
쉬는 시간 (10분)	9:40 ~ 9:50
2교시 (40분)	9:50 ~ 10:30
쉬는 시간 (20분)	10:30 ~ 10:50
3교시 (40분)	10:50 ~ 11:30
쉬는 시간 (10분)	11:30 ~ 11:40
4교시 (40분)	11:40 ~ 12:20
점심시간 (50분)	12:20 ~ 13:10
5교시 (40분)	13:10 ~ 13:50

여러 학교에서 근무해 본 경험에 비추어 볼 때, 시정표마다 각각 장단점이 분명히 있습니다. 신기하게도, 아이들은 각 학교의 스케줄에 맞춰 척척 적응해 나가는 힘을 가지고 있고요. 학교마다 조금씩 다른 시정표와 시간표에도 불구하고, 아이들은 빠르게 익숙해지고 학교생활을 잘 이어 나갑니다.

아이가 다닐 학교의 시간표와 시정표를 정확하게 알고 싶다면 학교 홈페이지의 '공지사항'에서 '시정표'를 검색하여 확인해 보세요. 미리 확인해 두면 학교생활 준비를 더 원활하게 할 수 있답니다.

1학년 아이들의 수업 모습

1학년 1학기 학부모 상담에서 자주 듣는 질문이 있습니다. "선생님, 수업 시간에 아이가 잘 앉아 있나요?"

부모님에게는 아직 어리게만 느껴지는 아이, 혹시나 학교에서 천덕꾸러기처럼 굴지는 않을까 걱정되죠. 친구들은 다 앉아 있는데, 수업 시간에 우리 애만 벌떡 일어나서 돌아다니는 게 아닐까 염려되기도 하고요. 1학년 아이들의 수업 모습은 어떨까요?

🙆 대부분 잘 앉아 있어요

초등학교의 수업 시간이 총 40분이니, 아이들은 40분 동안은 책걸상에 앉아 있어야 하죠. 식당에서도 엉덩이를 들썩거리고, 집에서는 쉴 새 없이 돌아다니는 아이가 40분이나 어떻게 버티고 있을지 부모님은 적잖이 우려하시지만 사실 걱정할 일이 아닙니다.

아이들에게도 분위기를 읽는 '센서'가 있기 때문이에요. 책걸상이 가득한 교실이라는 공간과 친구들이 자연스럽게 앉아 있는 모습은 아이들로 하여금 왠지 자기도 같이 따라 앉아 있어야 할 것 같다고 느끼게 만들어 줍니다. 아이도 분위기를 살피는 것이죠.

『아주 작은 습관의 힘』의 저자 제임스 클리어는 주변 환경이 사람에게 신호를 주고 행동하게 만든다고 합니다. 어린아이들은 더욱 환경에 민감합니다. 교실의 분위기와 또래 아이들을 인지하고 자기도 모르게 주변 사람들의 행동을 따라 하지요.

물론 초등학교 1학년은 실제 집중력이 15분 정도예요. 앉아 있어도 수업 시간 40분 동안 온전히 집중하기는 어렵습니다. 그래서 1학년 교육과정과 교과서에는 놀이, 움직임, 노래 등 아이들이 활동할 수 있도록 수업이 구성되어 있어요. 1학년에 맞게 수업을 설계하여 중간중간 아이들의 주의 집중력을 환기시켜 주는 것입니다.

⁞ 하고 싶은 걸 잘 참지 못해요

부모님들도 1학년 아이들이 수업 시간에 자리에 앉아 있지를 못한다는 이야기를 많이 들으셨을 겁니다. 수업 시간에 잘 앉아 있다는데,

도대체 누가, 왜 일어나는 걸까요?

아이가 수업 시간에 돌아다닌다는 얘기는 아무런 의도나 목적 없이 일어나 교실을 서성인다는 뜻이 아니에요. 아이들은 수업 시간에 자기가 하고 싶은 것을 잘 참지 못해요. 예를 들면 '친구에게 할 말이 있어서요' '쟤가 뭘 떨어뜨려서 주워 주려고요' '선생님 안아 주고 싶어서요' '궁금한 게 있어요' 같은 귀엽고 엉뚱한 이유로 갑자기 일어나서 칠판 앞으로 나오거나 수업 중인 것에 아랑곳하지 않고 친구와 말하거나 사물함에 다녀오기도 하죠. 수업 시간과 쉬는 시간을 잘 구별하지 못하기도 하지만, '수업 시간'이니 하고 싶은 행동을 잠시 참는 걸 어려워합니다.

참는 것이 어려우니 수업 시간에 "손 들고 선생님이 이름을 부른 친구만 말할 수 있어"라는 주문에 손을 번쩍 들고 발언권 얻기를 기다리기도 어려워하죠. 수업은 자칫하면 모두가 함께 말하고 있는 상황이 됩니다. 발표하고 경청할 시간에 모두가 각자 자기 얘기를 해 버리니 듣는 사람이 거의 없을 때도 있답니다.

⚇ 수업 시간에 화장실을 다녀올 수 있어요

예비 학부모님들을 강의 자리에서 만나면, 특히 아이의 용변 실수에 대한 질문을 많이 받아요.

"혹시 아이 속옷을 앞으로 뵐 담임선생님께 드려도 괜찮을까요? 혹시 몰라서요."

"교실과 화장실이 멀지는 않나요?"

"수업 시간에 화장실은 다녀올 수 있나요?"

아마 저나 학부모님 세대가 초등학교에 다녔던 시절의 무서운 호랑이 선생님을 떠올리셨을지도 모릅니다.

걱정 마세요. 수업 시간에도 화장실에 다녀올 수 있습니다. 아이들에게 무작정 참으라고 하지 않습니다.

하지만 반에서 한 명이 화장실에 가겠다고 하면 1학년 교실에서는 어떤 일이 일어날까요? 갑자기 대여섯 명의 꼬마들이 가고 싶다고 손을 듭니다. 참 귀여운 아이들이지만, 매시간 이렇게 수업의 흐름이 끊기면 안 되니 선생님은 수업에 집중할 수 있는 환경을 조성해 주려 애씁니다.

먼저, 되도록 쉬는 시간에 미리 화장실에 다녀오라고 가르칩니다. 그리고 화장실을 꼭 가야 하는 아이들만 한 사람씩 다녀오게 하는 식의 장치들을 넣어 아이들이 쉬는 시간과 수업 시간에 적응하게 합니다.

물론 이런 장치가 있다고 하더라도, 당연히 이유 불문으로 급하면 수업 시간에도 다녀올 수 있습니다.

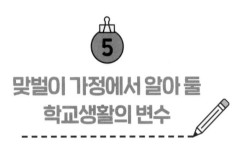

맞벌이 가정에서 알아 둘 학교생활의 변수

엄마 아빠가 일을 하고 있는 동안 아이가 학교 끝나고 방과 후 학교도 가야 하고 학원도 가야 한다면, 미리 알아 두어야 할 학교생활의 변수가 있습니다.

방과 후 학교 도서관에서 기다릴 수 있어요

1학년 수업이 끝나고 바로 시작되도록 방과 후 학교 시간표가 계획되지만, 일주일에 하루 정도는 수업이 끝난 뒤 30분 정도 기다리는 일이 생길 수 있습니다. 1학년과 2학년이 함께 듣는 방과 후 학교 수업이 많은데, 각 학년의 시간표가 다르기 때문입니다. 2학년의 수업이 더 늦게 끝나는 요일에는 방과 후 학교 강좌가 2학년 시간표에 맞춰집니다.

이런 날에는 학교 도서관에서 기다리게 해 주고 시간을 놓치지 않게 휴대폰이나 도서관의 시계를 확인하여 10분 전에 갈 수 있게 하면 됩니다. 또 휴대폰이 없거나 시계를 못 봐도 괜찮습니다. 도서관 사서 선생님께 시간을 물어 방과 후 학교 수업 시간을 챙길 수 있습니다.

휴대폰으로 부모님이 알람을 맞추거나 그 시간에 전화를 해서 원격으로 챙겨 줄 수도 있지만 한두 번 늦더라도 혼자서 시간 맞춰 이동하는 경험을 해 보는 것이 좋습니다. 아이가 혼자서 해낼 수 있는 것이 점점 더 늘어야 아이에게 단단한 자존감이 만들어질 수 있습니다.

학기말에는 단축 수업을 해요

단축 수업은 국가 교육과정에서 정한 1년간의 총 수업 시간을 맞추기 위해 학기말에 4교시만 하고 끝나는 수업을 말합니다. 보통 여름방학과 겨울방학을 앞두고 약 일주일의 단축 수업을 하게 됩니다.

어릴 때는 학교가 일찍 끝나면 좋았지만, 학부모가 되고 겪는 단축 수업은 그리 반갑지 않습니다. 잘 짜 둔 아이의 하교 스케줄이 갑자기 엉키게 되어 참으로 당황스럽습니다. 돌봄교실이나 돌봄센터, 지역아동센터 등은 바로 갈 수 있으니 괜찮지만, 방과 후 학교나 학원 등은 시간 맞춰 가야 하니 걱정이죠.

만약 학교 수업이 평소보다 일찍 끝나 시간이 붕 뜬다면 방과 후 학교 수업이 시작하기 전에 도서관에서 기다릴 수 있습니다. 학원의 경우, 학원 원장님들은 단축 수업에 대해 누구보다 잘 알고 있으니 학원에 미리 "○월 ○일부터 일찍 끝난다고 합니다. 어떻게 일정을 조정하면 좋을까요?"라고 상의하면 됩니다.

방학식이나 종업식 날에는 점심 급식이 없기도 해요

학교에서 점심 제공을 안 한다는 건 부모에게는 큰 문제입니다. 아니, 왜 갑자기 방학식에 밥을 안 주나요, 의문이 들 수 있습니다. 국가가 정해 놓은 급식 일수 때문인데요, 그래서 학교에 나오는 날 중 약 하루 이틀은 점심 급식이 없습니다. 보통 여름방학식과 겨울방학식(종업식) 날에 급식을 먹지 않고 일찍 하교합니다.

부모는 직장에서 하루 쉬기가 여의치 않습니다. 그렇지만 아이에게 밥을 먹이지 않고 학원에 보낼 수 없으니 반차 쓰고 나와 밥 먹이고 다시 일하러 가는 경우도 있습니다. 방학식 날에는 집으로 가져갈 학교 짐도 많으니 부모님이 잠깐 시간 내서 학교로 아이 마중을 나오면 가장 좋습니다. 만약 직접 학교에 오는 것이 어렵다면, 가방에 아이가 좋아하는 빵과 음료 등을 미리 넣어 주세요. 아이들 스스로 잘 꺼내서 먹습니다. 우리 아이들 굉장히 똑부러집니다.

PART
3

즐거운
학교생활을 위한
사회성 기르기

아이를 학교에 보내는 엄마 아빠에게는 아이의 학습도 중요하겠지만, 무엇보다 아이가 즐겁고 행복한 학교생활을 하기를 바라는 마음이 가장 클 겁니다. 1학년 학부모 상담에서 가장 긴 시간 동안 이야기하시는 것도 교우 관계나 선생님과의 관계에 대한 부분입니다. 그만큼 학교라는 작은 사회 안에서 아이가 쌓아 나가는 인간관계에 대해 걱정하고 궁금해합니다.

그동안 학교에서 지켜본 바로는 친구들과 사이좋게 지내고 선생님들에게 신뢰받는 아이들은 주변에 늘 좋은 사람들을 불러모으는 특징이 있었습니다. 이 파트에서는 그동안 지켜본 그 아이들의 특징들을 이야기해 보려고 합니다.

시작하기에 앞서, 부모님들이 우리 아이가 여기에서 이야기하는 모든 특성을 갖춰야만 학교생활을 잘할 수 있다고 생각할까 염려됩니다. 꼭 기억해야 할 것은, 아이들은 완성형으로 학교에 오는 것이 아니라는 점입니다. 아이들은 자라는 과정에 있습니다.

모든 사람이 그렇듯 아이들도 제각기 다른 존재입니다. 학교를 비롯한 사회에서 요구하는 사회적인 행동들은 아이들이 편안하게 사회생활을 하기 위해 배워 나갈 최소한의 기준일 뿐입니다. 이 점을 염두에 두고 이 글을 읽어 나가면 좋겠습니다.

깨끗하고
깔끔하게

깨끗하고 깔끔한 것은 사회성의 기본값입니다. 좋은 브랜드의 옷을 입어야 한다는 이야기가 아닙니다. 초등학교 저학년의 아이들은 옷이나 가방의 브랜드를 알지 못해서 옷의 깨끗한 상태나 반듯한 차림새만 볼 뿐입니다.

초등학교 1학년은 아이 스스로 옷을 관리하기 어렵습니다. 이 나이대에서 적당한 주기로 씻는 것은 양육자의 보살핌이 있어야 가능합니다. 그렇다고 수시로 씻겨야 한다든가 작은 얼룩이 묻은 옷도 입혀서는 안 된다는 뜻은 아닙니다. 아이들은 친구가 '매우' 깨끗하고 깔끔하기를 바라는 것이 아닙니다. 지저분하다는 인상만 주지 않으면 됩니다. 아이의 옷이 지나치게 해지고 낡거나 더럽지 않고, 아이에게서 냄새가

나지 않으면 됩니다.

사실 요즘 엄마, 요즘 아빠는 대부분 아이들을 매일 씻겨 주고 옷도 잘 맞게 입혀 줍니다. 이미 학교에 들어오기 전부터 많이 신경 써 주며, 아이가 스스로 관리할 수 있도록 도와줍니다. 그래서 옷차림보다는 남들에게 지저분해 보이는 행동들을 하지 않도록 지도하는 것이 요즘 상황에서는 더 알맞습니다.

예전에 있었던 일입니다. 아이들과 급식을 먹기 위해 급식실에서 식판을 받아 우리 반 자리에 앉았습니다. 급식실이 있는 초등학교에서는 반끼리 모여 점심 식사를 합니다. 1학년 담임선생님은 반 아이들과 바짝 가까이 앉아서 점심을 먹죠.

"선생님, 저 진호 옆에 앉기 싫어요."

"왜? 무슨 일 있어?"

"진호가 자꾸 침 튀기게 밥을 먹어요."

점심 식사를 할 때 친구들이 진호와 먹고 싶지 않다는 얘기를 자주 했습니다. 진호는 심술궂은 아이도, 폭력적인 아이도 아니었습니다. 책도 좋아하고 친구들을 웃기는 것도 좋아했습니다. 문제는 아이가 친구들을 웃겨 주고 싶다 보니, 밥 먹을 때도 입안에 음식이 있는 채로 계속 말을 하는 것이었습니다. 친구들이 싫어하는 티를 내면, 보통 아이들이 그렇듯 장난을 치고 싶어서 팔에 입을 대고 "푸흐흐흐"하며 침을 더 튀기기도 했습니다.

이 나이대의 아이들은 어느 정도의 행동이 사람들 앞에서 수용이 되는지, 그렇지 않은지 구별하기 어렵습니다. 가족들과 있을 때는 대부분의 행동이 편안하게 받아들여지지만, 학교 같은 사회로 나와서는 일상생활에서 사람들이 편안하게 받아들이는 행동과 청결하지 못하다고 생각하는 행동이 구체적으로 어떻게 다른지 잘 모르는 것이죠.

대표적으로 식사 예절을 비롯하여 방귀나 트림, 코딱지 파기, 생식기 만지기 등 여러 행동이 있습니다. 이런 부분들은 왜 사람들에게 보이지 않게 해야 하는지 구체적으로 한번 설명해 주고, 밖에서 행동할 때마다 "가족들 앞에서는 괜찮은데, 사람들 없을 때 해야 해"라며 지속적으로 알려 주는 것이 필요합니다. 자라면서 아이 스스로 알아서 눈치를 채겠지만 사람들 간의 조용한 사회적인 예의들을 부모가 아니면 구체적으로 알려 주는 사람이 없으니까요. 몸에 익을 때까지 반복적으로 알려 주시면 됩니다.

Q. 습관으로 굳어진 행동들이 있다면?

교탁 앞에서 수업하다 보면, 한 아이가 콧구멍을 열정적으로 쑤시고 있는 것을 종종 직관할 수 있습니다. 자기가 코딱지를 파고 있는지도 잘 몰라요. 다른 사람의 눈을 신경 쓰는 것보다 코딱지 파는 게 습관으로 자리 잡게 된 것이죠.

1학년 시기에는 하의 안으로 자주 생식기를 만지고, 옷 위로 생식기를 긁는 아이들이 꽤 있습니다. 해마다 한 명씩은 습관적으로 코를 파고 생식기를 지나치게 자주 만지는 아이를 만납니다. 그만큼 1학년 시기에 흔히 보일 수 있는 행동이에요. 이런 습관적인 행동들은 대부분 아이들의 불안 해소와 깊게 연관이 있습니다. 초조하거나 불안할 때, 그리고 심심할 때 자기도 모르게 마음을 다스리기 위해 습관적으로 행동을 하죠.

만약 우리 아이가 비슷한 행동을 보인다면 아이에게 '지금 네가 만지고 있다'라는 의미의 사인을 주며 자신의 행동을 알아차릴 수 있게 도와주세요. 저도 교실에서 수업 중이나 쉬는 시간, 걸어 다니면서 그런 습관적인 행동을 하는 아이들을 지도하기 위해 둘이서만 알아볼 수 있는 손 신호를 정했습니다. 문제의 행동을 하는 아이에게 손으로 신호를 보내 자기가 만지고 있다는 걸 알아차릴 수 있도록요.

불안을 해소하는 아이만의 방식이기에 엄하게 혼낸다고 해서 그 행동이 없어지지 않습니다. 오히려 다그치는 건 아이의 불안을 더욱 가중시킬 수 있어요. 사람들 앞에서는 해서는 안 된다는 설명을 아이가 알 수 있게 눈높이에 맞춰 한두 번 설명했다면 매번 구구절절하게 설명하지 않아도 됩니다. 아이도 이미 안 되는 이유는 다 알아요. 다만 마음대로 조절이 안 되고, 자기도 모르게 생식기나 코로 손이 가는 것이죠. 본인 행동을 알아차릴 수 있게 간단하게 알려 주거나 신호만 주면 아이는 점차 시간이 지나면서 불안 해소 방법도 찾고 습관적인 행동도 줄어들 겁니다.

습관이 되었기에 한두 달 사이에 확연히 좋아지기는 어렵습니다. 제가 관찰한 어린이들은 1년에서 2년, 즉 2학년 때까지 습관이 나오는 경우도 있었습니다. 그러나 분명한 건 3학년 이후에는 생식기를 계속 만지는 아이나 코딱지를 거리낌 없이 파는 아이가 거의 없다는 거예요. 시간이 필요한 부분이고, 부모가 도움을 준다면 그 시간이 단축될 수 있습니다.

이때 가장 중요한 건, 부모가 단번에 고치려 하기보다 화내지 않고 아이가 자신의 행동을 알아차릴 수 있도록 반복적으로 '행동 일깨워 주기'만 하는 것입니다. 반드시 좋아지니 너무 걱정 말고 조금만 기다 려 주세요.

인사 잘하기

"선생님, 안녕하세요~."

진성이가 등굣길에 교실 문을 열면서 고개 숙이며 인사를 합니다. 또박또박한 목소리로 인사하고, 자기 자리로 돌아가 가방을 내려놓습니다. 진성이는 3월 첫날부터 인사를 큰 소리로 하던 아이였습니다. 처음 인사하는 진성이를 보았을 때 사실 놀라움이 컸고, 그다음에는 고마움이 컸습니다. 인사를 잘하는 어린이들이 드물거든요.

거기다 진성이는 오가며 자주 마주치는 옆 반 선생님이나, 옆옆 반 선생님께도 인사를 잘했습니다.

"선생님, 그 머리 짧고 인사 잘하는 아이요~."

같은 층에서 복도를 공유하는 학급의 선생님들은 모두 진성이를 알고 있습니다. 다들 입을 모아 진성이처럼 인사 잘하는 아이는 '유니콘' 같다고 얘기합니다. 진성이에 대해 자세히는 모르지만, 인사를 잘하는 어린이라는 것만으로 진성이는 유니콘 어린이가 되었습니다.

인사를 잘하는 어린이들은 모두에게 사랑받습니다. 인사하는 것만으로도 주위 어른들에게 눈도장을 확실히 찍습니다. 부모님들도 주변에 가끔 보는 어린이가 인사를 잘하면 그 아이가 참 예뻐 보이잖아요. 우리 아이 주변에 가까이 있는 어른들도 마찬가지입니다.

인사하는 것을 어려워하는 아이들도 지켜보면 이유가 있습니다. 어른들도 누군가와 딱 마주쳤을 때 '이 사람과 인사해도 되나?'라는 생각으로 멈칫하다가 인사를 못 하고 지나치는 순간들이 있듯이 아이들도 똑같습니다. 눈으로 사람을 보고, 인사할 사람인지 구별하고, 어떤 인사가 적절한지 판단하고, 인사를 말로 하는 과정이 어른들보다 아이들은 더 오래 걸립니다. 흔히 인사하기 전에 '저 사람이 누구지?' 하는 생각에서 실제로 인사를 실행하기까지 좀 더 시간이 걸리는 것이죠.

아이들은 길에서 스쳐 지나가는 어른들과 학교나 단골 가게, 엘리베이터 등에서 자주 마주치며 인사해야 하는 어른들을 잘 구별하지 못하기도 합니다. 어른에게 인사해야 한다고 듣기는 하는데, 이 어른과 저 어른의 차이점을 잘 모르니 명확하게 인사할 어른이 누구인지 모르는 것이죠. 이럴 때는 부모님이 먼저 인사하여 인사할 대상이 누구인지 아이에게 명확하게 알려 주면 도움이 됩니다. 그래야 아이가 헷갈리지 않을 수 있습니다.

인사하는 아이로 키우기 위해 가장 좋은 방법은 가까이 있는 어른이 솔선수범해서 인사하는 모습을 보여 주는 것입니다. 점심시간에 만나는 급식조리원 선생님들에게 제가 먼저 인사드리면 뒤에 선 아이들이 따라서 인사를 합니다.

서로 인정해 주기

"선생님! 윤지가요, 진짜 그림 잘 그려요."

"우리 반에서 발표 제일 잘하는 사람은 승원이일걸요?"

아이들끼리 서로 칭찬하고, 서로 인정해 주는 이야기를 듣다 보면, 그 이야기를 듣는 유일한 어른으로서 소년 만화의 한 장면 같을 때가 있어요. 아이들은 초등학교 1학년이 되면서 점점 친구들을 선명하게 인식하기 시작합니다. 여전히 사고가 자기중심적이지만 점차 타인을 살피고 저 친구는 어떤 아이인지, 나름대로 평가와 판단을 한다는 것이죠. 잘하는 것이 있는 친구를 인정해 주고 순수하게 칭찬도 해 줍니다. 마치 소년 만화 속 주인공들처럼 말이죠.

인기 많은 아이들은 어떤 종류든지 잘하는 것이 있는 경우가 많습니다. 책을 많이 읽는다든가 달리기를 잘한다든가 하는 것이죠. 또 축구, 태권도, 줄넘기, 발표 등 어떤 분야든 잘하는 것이 있다면 다른 아이들이 그 아이를 인정해 줍니다. 어른들의 생각과는 달리 아이들은 서로 공부만 인정해 주는 것이 아닙니다. 교실에 있는 물건들을 이용해서 재미있는 놀이를 만들어 같이 노는 걸 잘하는 아이가 있어요. 가만히 지켜보면 그것도 재능과 노력의 결과물입니다.

엄청나게 뛰어나지 않아도 됩니다. 아이들은 어른들 눈에는 사소해 보이는 일에도 쉽게 감탄하고 쉽게 인정해 주거든요. 자신감 있게 무엇을 해내면 우와, 하며 놀라고, 선생님의 칭찬이 있거나 조금이라도 잘하는 모습이 눈에 띄면 선망의 눈으로 봅니다. 못하는 부분에는 의외로 그리 주목하지 않습니다. 뛰어나게 잘하는 부분이 있고 자신감 있게 해낼 수 있다면 그것만으로도 아이들은 서로 좋아합니다.

반면, 잘하는 것이 있어도 아이들에게 인기 요소로 작용하지 않는 경우가 있습니다. 자신이 잘하는 것을 너무 자주 뽐내며, 잘하지 못하는 친구들을 무시하고 아래로 보는 경우죠. 예를 들어 축구를 잘하는 아이가 친구들과 축구를 할 때를 생각해 볼게요. 그런데 이 아이가 축구를 못하는 친구들에게 공을 주지 않고 혼자서만 독점한다면 어떻게 될까요? 친구들은 이 아이가 축구를 잘하는 것은 인정하겠지만, 배려 없이 혼자서 공을 가지고 점수를 내는 것을 지켜보면서 아이에게도, 축구 자체에도 아예 흥미를 잃어버릴 겁니다.

그때부터 친구들은 아이를 선망의 눈으로 보는 것이 아니라 쟤는 혼자만 잘하려 한다면서 같이 놀고 싶어 하지 않겠죠. 요즘 아이들은 모두가 집에서 주인공입니다. 친구들과의 관계에서도 주인공을 하고 싶어 합니다. 누군가에게 박수만 치는 사람이 되고 싶어 하지 않습니다.

그동안 보아 온, 친구들에게 인기 많은 아이는 뭘 잘하든 자기 혼자만 빛나지 않았습니다. 자기가 제일 축구를 잘하는 걸 알지만 나만 공을 가지고 있는 게 아니라 친구에게 패스해 주는 아이. 자신이 제일 그림을 잘 그리는 걸 알지만 '그래도 내가 더 낫다'가 아니라 "너도 잘 그렸다"라고 같이 그린 친구에게 말해 주는 아이. 본인이 줄넘기를 백 번 이상 넘을 수 있지만 줄넘기 못하는 친구에게 '난 백 번도 넘게 돌릴 수 있다'가 아니라 "너도 할 수 있어"라고 말하는 아이.

자기가 제일 잘하는 걸 알아도 다른 사람을 인정해 줄 수 있는 아이 주변에는 항상 친구들이 있었습니다.

'미안해' '고마워'라고 잘 표현하기

"어!"

데구르르르.

책상 위에서 노란색 색연필 하나가 바닥으로 굴러떨어졌습니다. 예지의 색연필이었습니다. 그 모습을 본 제가 주워 주려고 손을 뻗으려는데, 옆자리에 있던 짝꿍이 먼저 색연필을 주워 주더군요.

"○○아, 고마워!"

짝꿍이 색연필을 주워 주자 예지가 말합니다. 예지는 이날뿐 아니라 평소 친구들이 도와줄 때는 고맙다고, 자기가 잘못한 일이 있을 때는 미안하다고 먼저 얘기하는 아이였습니다. 또 선생님과 같은 어른들에게도 '감사합니다'라고 표현하는 것을 어려워하지 않았죠.

"선생님, 감사합니다!"

종이접기 시간에 어려운 단계를 도와준 선생님에게 꼭 인사하고 돌아섭니다. 급식실에서 급식을 받을 때에는 급식실 선생님께 "감사합니다" 하고 표현했죠. 학교에서 예지의 일상을 살펴보면, 운이 좋은 일들이 많습니다. 친구들이 예지를 선뜻 도와줍니다. 쉬는 시간에 예지가 놀았던 보드게임을 치우는 데 시간이 많이 걸리면, 같이 놀지 않았던 친구들이 예지를 도와줍니다. 지나가다가 예지의 물건이 떨어져 있으면 아이들이 주인을 잘 찾아 주었죠.

예지처럼 상대방에게 '미안해' '고마워'라고 이야기하는 걸 어려워하지 않는 아이들은 전반적으로 교우 관계가 상당히 원활합니다. 아이들은 먼저 사과하면 자존심 상한다고 생각해서 입을 꾹 다물고 있기 쉽습니다. 잘못이 있다는 것을 알고는 있지만 내 잘못보다 친구의 잘못이 훨씬 크기 때문에 먼저 사과하고 싶지는 않다고 생각하는 것이죠. '미안해'라고 말한다고 해도 지는 마음이 들어서 엄청나게 빠른 속도로 샐쭉하게 사과의 말을 던지고 자리를 피하기도 해요. '미안해'라는 말을 하기로 해도, 누가 먼저 사과할지를 정하며 다투는 경우도 많습니다. '고마워' '미안해'라고 잘 이야기하는 아이는 친구들 눈에 돋보일 수밖에 없습니다.

사과와 감사의 표현을 잘하는 아이들은 자존감이 탄탄한 경우가 많습니다. 자신의 크고 작은 잘못들을 인정하고, 다른 사람의 행동에 마음을 표현할 수 있을 만큼 여유가 있는 것이니까요. '고마워'라고 자주 이야기하는 아이는 친구들의 행동을 당연하게 여기지 않습니다. 또한 '미안해'라고 서로 얘기해야 하는 상황에서 먼저 사과할 수 있는 아이는 그것이 자신의 자존심을 전혀 훼손하지 않는다는 걸 잘 알고 있는 아이입니다.

친구들에게도 표현을 잘하고, 어른들에게도 "고맙습니다"라고 그때 그때 잘 이야기하는 아이를 보면, 참 신기하더라고요. 그 나이대에 아이의 마음이 단단하기가 쉽지 않잖아요. 그래서 학부모 상담 때 "비결이 있을까요?" 하고 슬며시 여쭈었더니, 하나같이 하시는 말씀이 비슷했습니다. 가정에서 부모님이 아이와 마음 터놓는 이야기를 많이 한다고 합니다.

"오늘 혜선이가 밥을 잘 먹어 줘서 아빠가 기분이 엄청 좋다."

"동물원에서 선우가 엄마 아빠를 잘 따라다녀서 참 기특했어."

"미안해. 엄마가 윤호 여기 있는지 몰랐어. 엄마가 조심할게."

"유정이가 화를 내며 말하면, 엄마도 기분이 같이 나빠져. 유정이가 좋은 말로 해 줬으면 좋겠어."

그날그날 아이들에게 고마웠던 일이나 미안한 일, 고쳤으면 하는 일이 있을 때 어른이 솔직하게 마음을 표현하면, 아이도 그런 마음을 말로 표현하는 데 어려움을 덜 느끼게 됩니다. 물론 어른의 "밥 잘 먹어 줘서 고마워"라는 말에 아이가 매일 밥을 잘 먹기를 바라거나, "화를 내면서 말하면 엄마도 같이 기분 나빠져"라는 말에 당장 예쁘게 말하기를 바라는 것은 무리죠. 아이가 상대방의 입장을 생각하면서 행동하기에는 미숙한 나이이니까요.

중요한 건 부모와 양육자가 먼저 감정을 솔직하게 표현하는 모습을 보여 주는 것이에요. 아이들은 물들 듯이 부모의 감정 표현 방식에 영향을 받습니다. 이때 어른이 감정을 잘 표현하고, 다른 사람에게 고마움과 미안함의 말을 편히 건네는 모습을 자주 보여 준다면 아이도 자연스레 감정을 편안하게 표현할 수 있는 어린이로 자라납니다.

5
눈을 마주 보고
경청하기

"윤아야."

"……."

"윤아야. 이리 와 볼래?"

"……."

교실에서 이름을 불러도 대답하지 않고 흘긋 저를 보더니 윤아는 갖고 놀던 색종이에 색칠을 이어서 합니다. 윤아는 색종이를 접고 거기에 그림을 그려 꾸미고 있었습니다.

"윤아야, 선생님이 부르면 대답해야지."

"……왜요?"

그제야 윤아가 대답을 합니다.

"잠깐만 선생님 옆으로 와 보렴. 받아쓰기 때문에 설명할 게 있어."

그제야 윤아가 일어나 옆으로 옵니다. 아까 1교시에 보았던 받아쓰기 종이를 보며 설명하기 시작했습니다.

"받아쓰기 보니까 ㅈ을 쓸 때 ㄱ이랑 구별이 잘 안 되더라고. 다음에는 ㅈ을 좀 더 확실히 써서 구별해 주자."

이야기 도중에 윤아가 색종이를 만지작거리고 있었습니다. 윤아는 듣고 있었다고 말하지만 선생님이 무슨 얘기를 했는지 기억하지 못합니다.

학교에서 흔히 볼 수 있는 모습이에요. 윤아는 못 들은 것이 아니에요. 굳이 대답하지 않은 것입니다. 색종이로 놀이를 하고 싶으니 놀이를 계속 이어서 한 것뿐이죠. 초등학교 중고학년 아이들에 비해 아직은 자기 자신을 위주로 사고하는 것이 자연스러운 시기의 아이들입니다. 그러다 보니 1학년에는 윤아의 사례처럼 자기중심성이 또래보다 높아 다른 사람의 말에 대꾸하지 않거나 말을 귀 기울여 듣지 않는 아이들이 있습니다.

다른 사람의 말을 경청하지 않는 것은 아이가 그 상황과 상대방에 집중을 잘 못 하기 때문입니다. 중간에 다른 생각을 한다거나 하고 있는 일, 하고 싶은 일에 몰두하다 보니 듣지 못하는 것이죠.

이런 특성이 두드러지는 아이는 학교라는 사회에 있으면서 부정적인 피드백을 받기 쉽습니다. 다른 사람의 말에 귀를 기울이지 않으니 수업 중 자기가 하고 싶은 일을 몰래 하기도 하고, 수업의 단계를 따라오지 못하니 학습 내용을 잘 이해하지 못해요. 1학년 때는 학습 내용 자체가 크게 어렵지 않으니 느리게 활동을 완수할 수 있어요. 하지만 이런 경험이 누적이 되면 결국 학습 능력에 문제가 생깁니다.

자신이 하고 싶은 일과 자기 생각이 중요하니, 선생님 같은 어른뿐 아니라 친구와의 상황에서도 문제가 발생합니다. 친구와의 놀이 중 자기 할 일이 더 중요하고 얘기할 때도 자기 말이 우선이라 친구가 하는 말의 의미를 잘 알아차리지 못해요. 다툼은 여기서 생깁니다. 상대방의 말에 귀 기울이지 않으면 상대는 존중받지 못하는 기분을 느끼게 되니 관계에 문제가 생기죠.

아이가 다른 사람들의 말을 경청할 수 있도록 가정에서 어떻게 도울 수 있을까요? 구체적인 행동 방법만 반복적으로 얘기하며 교정해 줘도 훨씬 도움이 됩니다. "다른 사람의 말을 잘 들어야지"라는 애매한 말보다는 구체적인 행동 방법을 알려 주는 거예요.

· 부르는 말에 "네" "응" 하고 대답하기

· 눈을 마주치고 이야기하기

먼저 상대방의 부름에 답을 함으로써 대화의 물꼬를 터 줍니다.

"누가 부르면 '네' '응' 하고 대답을 해야 그 사람은 윤아가 잘 듣고 있는지 알 수 있어. 대답을 안 하면 상대방은 무시당했다고 생각할 수 있으니까 꼭 대답해 줘야 해."

이런 식으로 내가 듣고 있다는 것을 상대방이 알 수 있게 반응해 줘야 한다고 아이가 반응하지 않을 때마다 설명해 주는 것이죠. 단번에 몸에 익지 않으니 일상생활에서 몇 번 반복하면서 서로 간의 규칙으로 잘 정착될 수 있도록 해 주어야 합니다. 물론 반대로 아이가 엄마 아빠를 부를 때도 "응!" 하고 대답해 줘야 아이도 당연하게 여기고 익숙해집니다.

그다음에는 누군가와 이야기할 때는 눈을 맞댈 수 있도록 콕 짚어 얘기해 줍니다.

"사람과 얘기할 때는 그 사람의 눈을 보며 말해야 해. 눈으로는 더 많은 것을 전달하거든. 멀리 있을 때는 보기 힘들지만, 가까이서 얘기할 때는 꼭 그 사람의 눈을 봐 줘야 내 마음도, 진짜 하고 싶은 말들도 전할 수 있어."

눈을 봐야 하고 싶은 말이 효과적으로 전달된다는 것이 핵심이에요. 부모님도 아이가 사람의 눈을 바라보는 것이 습관이 될 수 있도록 생활 속에서 마음을 전달할 때 눈을 많이 마주치며 이야기해 주세요. 사실 부모님들은 그동안 꽤 많이 눈을 보며 말해야 한다고 가르쳐 왔을 겁니다. 아이에게 부모는 흔히 "자, 봐 봐. 엄마 눈 봐"라고 얘기하곤 하죠.

그런데 이 방법의 부작용은 아이가 잘못한 상황에서 '엄마 눈 봐'라고 단호하게 말하는 경우가 많다는 것입니다. 그러면 아이는 눈을 마주치는 것을 무서워할 수 있지요. 실제로 제가 만난 아이 하나는 눈을 마주치자고 하면 일부러 사시로 만들거나 웃긴 표정을 지어 보였습니다. 눈 마주치는 것이 무서워서 그런 것이에요.

아이를 칭찬하는 상황에서도 "아빠 눈 봐 봐" "엄마 눈 봐 봐" 하며 눈을 맞대는 경험을 자주 해 주세요. 긍정적인 상황 속 눈 맞춤도 함께해 주셔야 하고요. 그러면 아이도 눈을 마주치는 상황을 자연스럽게 받아들이고 상대방과 깊이 소통하는 과정을 익힐 수 있어요. 이미 아이가 눈 마주치는 것을 너무 부담스러워한다면, 코나 눈 사이처럼 눈 근처를 보라고 간단한 팁을 전하는 것도 좋은 방법입니다.

아이가 다른 건 몰라도 이렇게 자랐으면 좋겠다, 하는 부분이 있을까요? 그렇다면 가장 효과적인 건, 부모가 아이가 성장했으면 하는 그 모습대로 살아가며 아이에게 보여 주는 것입니다. 아이는 그동안 자신이 겪고 본 대로 성장하니까요.

물론 아이들은 부모가 바라고 노력한다고 해서 원하는 그대로 자라지는 않습니다. 아이도 자아가 있는 한 사람이기 때문이죠. 그러나 부모와 오랫동안 살아가며 부모가 조성한 환경 속에서 성장하기에 큰 방향성을 따라가고 조금씩 닮아 갑니다. 부모가 말하는 습관이나 행동들을 무섭게 따라 할 때가 있죠. 저도 아이를 키우면서 제가 무심코 했던 말이나 행동을 복사한 것처럼 그대로 따라 하는 아이를 보며 놀라곤 합니다. 그리고 우리 아이들이 자세하게 얘기를 안 할 뿐, 의외로 참 많은 것들을 기억하고 있습니다.

학교에서 아이들을 가르치고, 또 자녀를 낳고 기르면서 배운 단 하나의 중요한 것이 있다면 '잘 가르치는 것도 중요하지만 나부터 좋은 사람이 되어야 아이가 더 많은 것을 배울 수 있다'라는 것입니다. 말로 가르치는 것이 가장 쉽지만 가장 효과는 떨어집니다. 삶으로 가르치는 것은 가장 어렵지만 가장 효과가 좋은 방법입니다.

PART
4

학부모를 위한
학교생활
미리 보기

미리 알아보는 초등학교 행사

학교에는 학부모와 함께하는 몇 가지 행사가 있습니다. 그러나 맞벌이 가정이거나 여러 사정이 있어 학교행사에 참석하기 어려운 분도 있기 마련이죠. 부부가 함께 자영업을 하는 가정은 하루라도 쉰다는 게 쉽지 않은 일이기도 하고요. 상황이 어렵더라도 아이가 초등학교 생활을 시작하는 첫해이니, 되도록 학교행사에 모두 참석하고 싶은 부모님이 많을 겁니다.

당연히 모든 행사에 참여하는 것이 제일 좋겠지만, 연차를 매번 낼 수도 없고, 그때마다 가게를 닫을 수도 없는 노릇입니다. 맞벌이, 한부모 가정이라면 더 고민이 크지요. 그래서 미리 학교행사에 대해 알고 있으면 연차를 남겨 놓기도, 일정을 비워 두기에도 좋습니다.

그러면 학부모가 참여해야 하는 학교행사는 무엇이 있고, 또 몇 번이나 있을까요?

① 입학식 (3월 첫날)
② 학교 교육과정 설명회 (3월 둘째 주)
③ 학부모 공개수업 (3~4월)
④ 학부모 상담 (3~4월 또는 연중 수시 운영)
⑤ 체육대회 (봄이면 4월, 가을이면 9~10월)
⑥ 발표회·학예회 (10~11월)

학부모의 학교 방문이 필요한 행사들을 시간순으로 정리해 보았습니다. 1년 동안 평균 5~6번 정도 오게 됩니다. 맞벌이 가정의 경우, 연차 일수에서 미리 고려하면 좋을 것 같습니다.

물론 초등학교 행사는 학교마다 지역 상황, 학부모의 요구, 학교의 교육방침 등에 따라 조금씩 달라질 수 있습니다. 최근에는 학부모 상담을 수시로 받으면서, 특정한 시기에 일괄적으로 상담하는 것이 아니라 그때그때 학부모가 선생님에게 상담을 요청할 수 있도록 하는 학교도 늘어나는 추세입니다.

어떤 학교는 체육대회와 발표회를 같은 해에 다 진행하기도 하고, 어떤 학교는 번갈아 가며 격년으로 진행하기도 합니다. 학부모 공개수업과 상담을 1년에 1회씩 하기도 하고, 한 학기에 1회, 1년에 2회 하기도 합니다. 또 계절학교 등 학교만의 특별한 행사를 진행하며 학부모의 방문을 별도로 요청하는 학교도 있습니다. 이렇게 학교에 따라 학부모 방문 횟수는 달라질 수 있지만, 일반적으로 학부모의 참석이 필요한 행사는 입학식, 교육과정 설명회, 학부모 공개수업, 학부모 상담, 체육대회, 그리고 발표회로 정리할 수 있습니다.

입학식

입학식은 우리 아이의 학교생활이 시작되는 첫날입니다. 즐겁고 설레는 날이지만 낯선 학교와 교실에 가는 날이라 아이가 불안해하기도 해요. 부모님이 함께해 주면 더없이 좋은 날입니다. 이날은 아이의 초등학교 입학을 축하해 주기 위해서 할아버지, 할머니가 함께 오시는 경우도 많습니다.

입학식은 아이가 담임선생님과 반 친구들을 처음으로 만나는 날이기도 합니다. 담임선생님과 반갑게 인사하고 학교는 어떤 곳인지, 앞으로 어떻게 지내게 될지 설명을 듣습니다. 입학식에서 안내하는 내용들은 앞으로 펼쳐질 아이의 학교생활 중 가장 핵심적인 부분들을 주로 담고 있습니다.

입학식은 부모님이 동행하면 아이의 학교생활 시작을 곁에서 응원해 주고, 담임선생님은 어떤 분인지 아이의 반 친구들은 어떤 아이들인지 직접 만나 볼 수 있어 되도록 참석하면 좋을 학교행사입니다. 하지만 동행하지 못한다고 해도 괜찮습니다. 그날 나누어 주는 다양한 안내장 안에 입학식에서 듣지 못한 담임선생님의 설명이 모두 담겨 있으니, 가정에서 꼼꼼하게 안내장을 읽어 봐도 충분합니다.

학교 교육과정 설명회

교육과정 설명회는 3월 초에 열리는 학교 및 학급의 교육과정을 설명하는 학교행사입니다. 1년간의 교육 계획을 발표하는 학교 교육과정 설명은 강당이나 체육관에서 전교 학부모가 한자리에 모여 우리 학교만의 교육 계획을 듣게 되죠. 학교의 교육 목표, 전체 학교행사 등을 알 수 있어요. 이날 아이를 초등학교에 보내는 부모에게 필요한 다양한 부모 교육을 실시하는 학교들도 많습니다.

학교 교육과정 설명이 끝나면 교실로 이동하여 담임선생님의 학급 교육과정 설명을 듣습니다. 이 시간이 교육과정 설명회의 핵심이죠. 주로 학급에서 이루어질 수업과 생활 지도 계획을 안내받으며 담임선생님의 학급경영 철학을 알 수 있어요. 담임선생님과 직접 만나 이야기도 나눌 수 있고요. 마지막으로 학급 교육과정 설명이 끝나면 학급의 학부모 대표, 녹색어머니회 대표 등의 역할을 맡아 줄 학부모를 뽑습니다.

Q. 학급 대표 학부모는 어떤 일을 하나요?

주로 교육과정 설명회에서 학급을 대표하여 의견을 제시할 수 있는 학급 대표 학부모를 뽑습니다. 예전에는 어머니가 학교행사나 학교 일에 참여하는 일이 많아 '반 대표 어머니'라고 많이 불렸죠. 최근에는 '아버지회'가 따로 생기는 학교가 있을 정도로 아버지의 학교행사 참여도 늘어나고 있습니다.

학급 대표 학부모는 무엇을 하게 될까요? 예전처럼 반 대표 엄마가 반을 청소해 주고 커튼을 세탁해 주는 일은 이제 없습니다. 최근 학급 대표 학부모의 가장 중요한 역할은 학교 전체의 학부모회에 소속되어 우리 반 부모님들의 의견을 대표하여 내는 것이에요. 만약 학교 및 학급에 사안이 있어 의견을 내야 한다면, 학급 대표 학부모를 필두로 학급 학부모들의 의견을 모아 정식으로 목소리를 내는 것이죠. 또 학급이나 학년에서 학부모의 도움을 받아야 할 일이 있을 때 학급 대표 학부모가 주로 돕게 됩니다. 주로 체험학습 안전 요원으로 많이 도움을 주죠.

그 밖에도 학교 전체 학부모회에 소속되기 때문에 학교 학부모회의 회장, 부회장, 감사 등 학부모회 임원이 되어 적극적으로 학교 일에 참여할 수 있어요. 학부모회에서는 학부모들을 대상으로 부모 교육을 실시하기도 하고, 과일청 만들기, 떡 만들기 등 학부모들이 함께 모이는 문화 행사를 열기도 합니다. 이런 학부모회 행사를 학부모회 학급 대표 부모님들과 함께 기획하고 도움을 줄 수 있습니다.

학급 대표 학부모들의 이야기를 들어 보면 아이가 좋아해서 반 대표를 맡기로 했다고 하는 경우가 가장 많습니다. 아이가 부모님이 학교에 자주 오시는 걸 좋아한다고요. 그리고 친하게 지내는 다른 학부모가 반 대표를 하게 되어 덩달아 하게 되었다는 경우, 지난 학교행사에서 불편한 점이 있어 그 부분을 개선하고 싶은 마음에 학교 일에 참여하게 되었다는 경우도 있습니다.

요즘은 모두가 바쁜 현대사회를 살고 있다 보니 자녀의 학급 일에 학급 대표 학부모로 봉사를 한다는 것 자체가 어렵습니다. '한번 해볼까?' 하는 마음을 먹어도 혹시나 너무 나서는 헬리콥터 맘, 헬리콥터 대디로 보이지는 않을까 걱정하는 분도 있습니다. 사실 학년 초마다 학급에서는 학급 대표 학부모를 뽑기 어려운 경우가 많습니다. 학급마다 한 분씩 대표를 꼭 뽑아야 하는데, 지원자가 없는 경우도 있어요. 만약 먼저 해 보겠다고 담임선생님에게 말씀하시면 우리 아이와 아이의 반 친구들을 함께 돕게 되어 아이에게도, 부모님에게도 좋은 추억이 될 거예요.

🎙 학부모 공개수업

학부모 공개수업은 학부모를 교실로 초대하여, 아이가 평소에 담임선생님, 친구들과 어떻게 수업에 참여하고 있는지 참관할 수 있게 하는 행사입니다. 보통 1년에 한 번씩 있는 행사로, 3월 중순이나 4월에 주로 열려요.

학부모 공개수업은 저학년일수록 많은 부모님이 참여합니다. 1학년의 학부모 공개수업 참여율은 100퍼센트에 가깝습니다. 입학한 지 얼마 안 된 1학년이기에 학교에서 공부는 잘하고 있는지, 선생님 말씀은 잘 듣고 있는지, 궁금하고 걱정되는 마음에 부모님들이 없는 시간을 내어 학교에 오는 것이죠.

아이들의 입장에서도 긴장되고 기다려지는 행사입니다. 아이들은 말 그대로 목 빠지게 부모님을 기다립니다. 1학년 아이들은 공개수업을 시작할 때가 되었는데 자기 부모님이 늦게 오시면 복도에 나가서 기다립니다. 그래서 이날만큼은 학교에서 안내한 시간에 맞춰서 되도록 늦지 않는 것이 좋아요. 수업이 시작돼서 자기 자리에 앉아 있어도 많은 부모님 사이에서 우리 엄마, 우리 아빠는 언제 오는지 뒤를 힐끔거리며 전혀 집중을 못 하거든요.

그만큼 공개수업에서 아이가 가장 기대하는 것은 자신을 지켜봐 주고 응원하러 올 나와 가장 가까운 보호자입니다. 부모가 뒤에서 아이를 응원하고 다정한 눈으로 지켜봐 준다면, 아이에게는 더없이 든든하고 행복한 경험이 될 수 있습니다.

부모님은 이때 최대한 우리 아이의 많은 것들을 살펴보고 오면 좋겠죠? 이 귀한 시간에 살펴보면 좋을 네 가지를 적어 보았습니다.

아이가 수업에 집중하고 있나요?

먼저 수업 상황에서 아이가 어떤 태도로 수업에 참여하고 있는지 살

퍼보세요. 선생님의 설명에 귀를 기울이고 있는지, '25쪽을 펴세요' '학습지에 이름을 먼저 쓰세요' '알맞은 낱말을 골라 보세요' 등 선생님의 지시를 이해하고 있는지 지켜보세요. 또 학부모 공개수업 중에는 아이들이 발표하는 경우가 많습니다. 우리 아이가 어떻게 발표하는지 다정한 눈으로 지켜봐 주면 좋습니다.

물론 아이들은 뒤에 있는 부모님에게 잘하는 모습을 보여 주고 싶어 합니다. 그런 마음에 공개수업에서 평소 기량의 두 배를 뽐내기도 하지요. 반면, 아이가 공개수업 때 부모님이 뒤에 있어도 수업에 집중하기 어려워하고 선생님의 이야기를 거의 이해하지 못하는 모습을 보인다면, 평소에는 더욱 큰 어려움을 겪고 있다는 신호입니다. 이런 경우, 담임선생님과 상의하여 아이에게 필요한 도움을 주면 됩니다.

친구와 어떻게 소통하고 있나요?

공개수업 때 담임선생님은 아이가 친구들과 협동해야 하는 과제를 준비하는 경우가 많습니다. 평소 부모가 아이들끼리 대화하는 모습을 보는 것은 대부분 놀이터나 집에서 놀 때입니다. 학습 상황에서 아이가 친구와 이야기하는 것은 처음 보게 되는 것이지요.

친구와 하는 과제를 이해하고 있는지, 친구가 모르면 잘 알려 주는지, 활동 중 이기거나 질 때 어떻게 반응하는지 살펴보시기를 바랍니다. 친구와 소통할 때 아이는 부모와 있을 때와는 또 다른 모습을 보여 주거든요. 아이의 학습 소통 과정을 관찰하며 아이에 대해 이해해 보시기를 바랍니다.

아이의 주변 환경은 어떤가요?

아이의 책상 위, 책상 서랍, 책걸상 아래, 그리고 가방까지 아이의 주변이 잘 정리되어 있는지 살펴보세요. 정리 정돈은 학교생활의 중요한 포인트입니다. 아이 주변의 모습이 아이의 자기관리 능력을 그대로 보여 주기 때문이에요.

아이의 책상 위에 수업에 필요한 교과서, 연필 등 준비물들이 잘 정리되어 있는지 살펴보세요. 책상 서랍은 보통 학급의 정리 규칙에 따라 정리를 합니다. 우리 아이가 규칙에 따라 책상 서랍을 잘 정리했는지, 책상 주변에 물건이나 쓰레기를 떨어뜨리지 않고 정돈해 뒀는지 지켜보세요. 그리고 아이 사물함도 한번 열어 보세요. 이렇게 보면 우리 아이의 수업 준비도와 자기관리 능력을 파악할 수 있답니다.

우리 아이의 작품 살펴보기

초등학교 교실은 곳곳에 아이들의 작품이 전시되어 있습니다. 특히 1학년은 만들기 수업이 많다 보니 다른 학년에 비해 작품이 더 많죠. 교실에 전시된 아이의 작품을 부모가 찾다 보면 꼭 보물찾기하는 것 같을 거예요. 웃음이 터지는 작품도 있고, 못 말리는 우리 아이의 창의성을 엿볼 수도 있습니다.

학부모 공개수업에서는 반 아이들의 초상권과 개인정보보호를 위해 아이들 사진을 찍을 수 없게 되어 있습니다. 작품 사진을 찍는 것은 괜찮으니 아이의 소중한 작품을 찍어 가는 것도 좋습니다. 만약 우리 아이의 작품 사진을 찍다가 다른 아이의 이름이 함께 나왔다면, 인스타그램 등 SNS에 올릴 때 가려 주기만 하면 된답니다. 이 시기에만 볼 수 있는 아이의 작품을 소중히 담아 보세요.

Tip. 학부모 공개수업이 끝난 뒤에 아이와 대화를 나누세요

학부모 공개수업이 끝나고 부모님이 돌아가면, 교실의 아이들은 어떨까요?

대부분의 아이들은 잔뜩 긴장해 있다가 몸의 힘이 훅 풀려 버립니다. 아이들에게 "오늘 부모님 오시니까 어땠어?"라고 물어보면 부모님이 와서 좋았다는 아이들도 있고 아침부터 너무 떨렸는데 이제 괜찮다는 아이들도 있습니다.

1학년 중에는 공개수업 후 교실을 떠난 부모님이 보고 싶다며 우는 아이가 반에 한두 명씩 있습니다. 부모님이 교실에 함께 있다가 없으니 허전함을 느끼는 것이죠. 부모님이랑 맛있는 걸 먹으러 가기로 했다며 학교 끝나고 부모님과 만나기만을 기다리는 아이들도 많습니다.

이런 1학년 아이들과 다시 만나게 된 부모는 어떤 대화를 나누면 좋을까요? 먼저 공개수업 참관 중 아이가 잘했던 점을 위주로 말하며 아이의 학교생활을 인정해 주는 것이 필요합니다. 아이에게는 사랑하는 부모님이 교실을 찾아와 내가 공부하는 모습을 봐 주는 1년에 딱 한

번 유일한 시간입니다. 아이는 누구도 아니라 부모의 인정을 간절히 원하고 있습니다.

"아빠(엄마)가 봤는데, 동동이가 선생님 말씀도 잘 듣고 열심히 하더라. 아빠는 동동이가 너무 자랑스러웠어. 우리 동동이 정말 멋지다!"

공개수업 참관의 최우선 목표는 아이를 향한 응원인 만큼 꼭 아이에게 응원의 말을 건넵니다. 물론 공개수업 중 아이가 고쳤으면 하는 점도 보이죠. 공개수업에는 우리 아이 말고 다른 아이들도 함께하고 있습니다. 그중에서 눈에 띄는 것은 그 반에서 가장 집중을 잘하고, 가장 큰 소리로 발표하는 친구입니다. 우리 아이와 그 친구를 비교하기 얼마나 쉬운지요. 그 마음을 꾹 참고 이렇게 얘기해 줍니다.

"동동이가 쑥스러웠을 텐데 앞에 나와서 발표도 하고 기특해. 용기 있게 앞으로 나온 것도 좋은데, 다음에 좀 더 큰 목소리로 발표하면 맨 뒤에 앉은 아이들도 들을 수 있을 것 같아. 내년 공개수업 때 동동이가 멋지게 성장한 모습도 아빠가 기대할게."

아이의 공개수업이 끝난 뒤 아이가 열심히 노력한 부분에 스포트라이트를 비춰 주고, 부족한 부분은 격려하며 성장하기를 기대해 주세요. 학부모 공개수업을 서로 행복했던 추억으로 의미 있게 보낼 수 있습니다.

⋮ 학부모 상담

학부모 상담은 담임선생님과 일대일로 만나 아이의 학교생활과 학습에 대해 이야기를 나누는 행사입니다. 보통 학부모 상담 신청을 미리 받고, 학부모 상담 주간 동안 예약된 시간에 방문하거나 전화로 이야기를 나누며 담임선생님과 상담을 진행하죠.

예전에는 대부분의 부모님이 학교를 직접 찾아와서 상담했습니다. 담임선생님과 직접 얼굴을 마주 보며 얘기해야 한다는 가치관이 당시의 주류였거든요. 최근에는 방문 상담과 전화 상담 신청 비율이 5 대 5, 어떤 해에는 4 대 6일 정도로 전화 상담 신청이 많습니다. 학부모 전화 상담을 신청해도 무방하니 학교 방문에 대한 부담은 내려놓아도 괜찮습니다.

요즘에는 학부모 상담 주간처럼 기간을 정해 두지 않고 평소에 편하게 상담 신청을 받는 학교가 늘었습니다. 상담 주간이 있으면 학부모 입장에서는 꼭 상담을 신청해야 할 것 같다는 느낌을 받기 쉬워요. 특히 1학년의 경우, 놀랍게도 거의 100퍼센트의 상담 신청률을 보이죠. 그 이면에는 아이의 학교생활이 궁금한 마음과 함께 학부모 상담을 신청하지 않으면 관심 없는 학부모로 보일까 봐 신청했다고 털어놓는 솔직한 분도 있습니다.

수시 상담은 학부모와 담임교사가 상담 주간에만 소통하고 상담하는 것이 아니라, 수시로 상담을 신청하고 이야기를 나누기 위함입니다. 학부모 상담 주간이 있더라도 꼭 그때에만 상담을 신청해야 하는 건 아닙니다. 아이에 대해서 궁금한 점이나 의논할 점이 있다면 상담을 미리 예약하고 담임선생님과 소통하면 됩니다.

Q. 학부모 상담에서 어떤 이야기를 해야 할까요?

학부모 상담은 아이의 교육을 위해 담임선생님과 소통하는 시간입니다. 일대일로 직접 소통하며 궁금한 점들은 질문하고, 도움받을 부분을 요청할 수 있죠. 보통 학부모 상담은 15~20분 동안 이루어집니다. 길다면 길고, 짧다면 짧은 시간이지만 준비 없이 가면 상담이 너무 일찍 끝나거나 겉도는 이야기만 하다가 정작 궁금했던 일은 문의하지 못하고 뒤돌아 오는 길에 생각날 수 있어요. 되도록 학부모 상담 이전에 어떤 이야기를 할지 메모하고 미리 준비해 두면 훨씬 알찬 상담을 할 수 있답니다.

그렇다면 학부모 상담에서 어떤 이야기를 나누면 좋을까요?

아이에 대한 정보 나누기

우리 아이와 긴 시간을 보낼 담임선생님에게 아이에 대한 정보를 공유해 주세요. 특히 1학기 상담이라면 더욱 그렇죠. 3~4월은 선생님도 아이에 대해 파악하는 시기라 부모가 전하는 아이에 대한 정보가 큰 도움이 될 수 있어요. 만약 초등학교 입학 때 제출했던 신입생 기초조사서에 특이 사항을 적었다면 그에 대해 좀 더 자세하게 이야기하는 것이 도움이 됩니다.

"선생님, 아이가 아토피가 심해서 건조해지면 간지럽다는 얘기를 많이 해요. 그래서 학교에서 아이가 로션을 바를 수 있어요. 특히 간절기에 수시로 바르는 모습을 보실 수 있을 것 같아요."

이렇게 아이가 앓고 있는 질환, 알레르기 반응 등 특이 사항과 현재 상황은 어떤지 얘기해 주시면 좋습니다. 그 밖에도 유치원이나 어린이집에서의 아이의 생활 모습과 그동안 가정에서 진행해 왔던 학습 상황을 이야기하는 것도 담임선생님의 지도에 도움이 될 수 있습니다.

1년이라는 긴 시간 동안 학교에서 부모 대신 아이를 지도하고 가르칠 선생님입니다. 선생님이 꼭 알아야 할 내용이 있다면 공유해 주세요.

아이의 학교생활에 대한 질문

상담 시간이 제한되어 있으니 모든 질문을 다 하기보다는 제일 궁금한 질문 두세 가지 정도만 골라서 담임선생님과 이야기를 나눠 보세요.

학부모 상담에서 활용할 만한 몇 가지 예시 질문을 알려 드릴게요.

◇ 기본 생활 습관

"아이가 책상 서랍이나 사물함은 잘 정리하고 있나요?"

"아이가 학교에서 밥을 잘 먹는다고 말은 하는데, 잘 먹고 있는지 궁금해요."

"숙제나 안내장은 제때 챙길 수 있도록 도와주는데, 학교에서 잘 제출하고 있나요?"

◇ **교우 관계**

"아이가 쉬는 시간에 어떤 아이들이랑 주로 어울리는지 궁금해요."

"쉬는 시간에 친구들과 놀이를 할 때 아이가 어떻게 노나요? 친구들이랑 사이좋게 지내나요?"

"친구들과 다툼이 생겼을 때 아이가 어떻게 해결해 나가나요?"

◇ **학습 및 수업 태도**

"아이의 수업 태도가 어떤지 궁금해요. 잘 앉아 있나요?"

"수업 시간에 선생님 말씀은 잘 듣고 있나요?"

"아이가 수업할 때 교과서나 연필, 지우개는 잘 준비해 두는지 궁금해요."

이렇게 아이의 생활에 대해 구체적으로 질문하는 것이 자세한 답변을 듣기에도 좋습니다.

나머지 다른 질문들은 아이와 대화해 보세요. 아이의 학교생활에 대해 가장 잘 아는 사람은 누구보다 아이 자신이니까요. 이 질문들로 아이와 대화를 나눠 보는 것도 아이의 학교생활을 파악하는 데 도움이 될 겁니다.

학부모 상담을 다녀와서

학부모 상담을 하면 부모님은 아이가 가진 의외의 면을 많이 발견합니다. 집에서는 어리광 부리는 철없는 막내인 아이가 학교에서는 리더의 역할을 하며 친구들에게 양보한다는 말을 듣고 입이 떡 벌어질 수 있어요. 반면에 어린이집이나 유치원에서 반장감이라는 얘기를 들었던 아이가 학교에서는 수업 중에 자꾸 칠판 앞으로 나온다는 선생님의 이야기를 듣고 얼굴이 빨개질 수도 있죠.

선생님과 나눈 여러 이야기들 중 칭찬보다 스쳐 가듯 들은 아이의 단점 하나가 부모님의 마음을 콕콕 찌를 수 있습니다. 수업 중 친구들과 수다를 떨어 지적받은 적이 있다는 얘기에 마음이 쓰여 아이에게 집중에 좋다는 바둑을 시켜 볼까 생각할 수도 있죠.

아이는 여러 곳에서 여러 얼굴을 가지고 있습니다. 부모도 부모로서의 얼굴, 나 자신으로서의 얼굴, 자녀로서의 얼굴, 친구로서의 얼굴이 있는 것처럼 아이도 마찬가지입니다. 수업 시간에는 잘 앉아서 집중하려고 노력하는 모습. 편식을 안 하고 급식을 천천히 꼭꼭 씹어 먹는 모습. 정리 정돈은 어려워해서 책상 서랍에 구깃구깃한 종이들을 넣어놓는 모습. 학부모 상담이 아니었다면 알기 힘든 모습이었을 것입니다.

"우리 딸, 선생님께서 다미가 수업도 열심히 듣는다고 칭찬해 주시더라! 급식도 가리는 거 없이 잘 먹는다고 얘기해 주셨어. 엄마는 다미가 너무 자랑스럽다."

칭찬할 부분은 큰 소리로 칭찬해 주세요. 아이가 듣는 앞에서 배우자 등 주변 사람에게 학부모 상담에서 이런 칭찬을 받았다고 전해 주세요. 아이에게 학교생활에서 잘하고 있다는 자신감을 불어넣어 줄 수 있습니다.

아이에게 부족한 점이 있다면 가정에서 도와주면 됩니다. 물론 아이의 부족한 점이 금방 채워지는 것은 아니죠. 그러나 계속 연습하다 보면 이전보다는 분명히 성장하고 달라집니다. 학부모 상담에서 들은 아이의 부족한 점을 곱씹으며 마음 상하지 마세요. 중요한 건 앞으로 어떻게 도울까입니다. 계속 기회를 주면 아이는 결국 배워 냅니다. 그 기회 속에서 점점 더 좋아지는 부분을 부모로서 발견해 주세요. 그리고 그걸 아이에게 꼭 이야기해 주시길 바랍니다. 아이는 분명히 점점 더 잘 자랍니다.

체육대회·발표회

체육대회는 아이들이 가장 좋아하는 날이죠. 반 아이들과 함께 힘을 모아서 반 대항 경기를 펼치고, 달리기경주를 하며 달리기 실력을 뽐내기도 합니다. 발표회는 꿈짱끼짱 대회, 교육과정 발표회 등 학교마다 붙이는 이름이 제각각이지만 담임선생님과 아이들이 함께 준비한 공연을 많은 사람 앞에서 발표하는 행사입니다.

이런 체육대회와 발표회를 같은 해에 치르는 것이 아니라 한 해는 체육대회를, 그다음 해에는 발표회를 하며 격년으로 하는 경우가 많습니다. 최근에는 맞벌이 가정의 참여가 어려운 경우가 많아, 아예 학생들만 참여하는 체육대회나 발표회를 진행하는 학교가 늘고 있는 추세죠. 그래도 여전히 많은 학교가 두 행사에 학부모를 초대하고 있습니다.

만약 아이가 다니고 있는 학교에서 체육대회나 발표회에 학부모의 참관 희망을 받는다면, 되도록 참여하는 게 좋습니다. 아이가 공개수업 때처럼 부모님을 많이 기다립니다. 다른 부모님들 사이에서 우리 부모님이 있는지 계속 지켜보고 기대합니다.

혹시 체육대회에서 경기에 참여해야 할까 봐 긴장되는 학부모님이 있을까요? 옛날 체육대회처럼 부모님 달리기, 앞에 나와서 춤추기 이런 건 거의 없어졌으니 걱정하지 않아도 됩니다. 그리고 발표회의 학부모 참여 공연도 학부모회 자체에서 희망하는 경우가 아니라면 거의 없어졌습니다.

체육대회와 발표회에 참여해 아이 사진도 찍어 주고 우리 반, 우리 아이 응원을 함께 하면 아이에게 좋은 추억이 될 거예요.

📖 알림장) 학부모의 참여가 중요한 행사 순위

학교행사에 모두 참여하고 싶지만, 바쁜 요즘 엄마, 요즘 아빠들에게 쉽지 않은 일입니다. 연차가 부족해서 꼭 중요한 행사에만 참여해야 한다면? 가정 상황상 부모가 몇몇 행사에만 참석할 수 있고, 나머지 행사에는 할아버지나 할머니 등 다른 가족이 대신 가야 한다면?

이때 부모가 참석해야 할 가장 중요한 학교행사는 무엇일까요? 제 경험을 토대로 학부모의 참석이 중요한 정도에 따라 순위를 정리해 보았습니다. 물론 마지막 순위에 있다고 해서 중요하지 않은 것은 아니에요. 다만, 아이의 입장에서 부모가 직접 학교에 와 주면 더 좋은 행사라는 기준을 참고해 주세요.

1위 학부모 공개수업

2위 입학식

3위 체육대회·발표회

4위 교육과정 설명회

5위 학부모 상담

아이의 입장에서 부모의 참석이 가장 중요한 행사는 단연 학부모 공개수업입니다. 아이가 부모님을 간절하게 기다리고 있기 때문이죠. 이외에도 입학식, 체육대회, 발표회는 많은 부모님이 참석하는 행사이므로 가능하다면 참여하는 것이 좋습니다.

그렇다면 교육과정 설명회나 학부모 상담은 왜 순위가 뒤쪽일까요? 아이와 함께하는 시간이 아니기 때문이에요. 물론 교육과정 설명회에 참석하면 1년 동안 선생님이 아이들을 어떻게 지도하고, 학습은 어떻게 이루어질지 알 수 있으므로 주 양육자인 부모님이 직접 참여하는 것이 가장 좋죠. 하나 부모님이 어려운 상황이라면 다른 가족이 대신 참석해도 괜찮습니다.

학부모 상담이 마지막 순위에 있는 이유는 앞서 설명한 것처럼 전화 상담으로도 충분히 가능하기 때문이에요. 전화로도 아이의 학교생활에 대해 담임선생님과 이야기를 나누고 궁금한 점을 해결할 수 있습니다.

결국 학교행사는 아이들을 위한 것이죠. 부모님의 참석이 어려운 경우, 아이들을 응원하고 지지하는 마음만으로도 충분합니다. 학교행사 참여에 부담을 느끼기보다는, 가능한 행사에 참석하여 아이와 함께 즐겁고 의미 있는 시간을 보내길 바랍니다.

학교행사를 미리 알고 싶어요

아이가 다니는 학교의 행사 일정을 미리 알고 싶다면 초등학교의 홈페이지 '공지사항'을 찾아보세요. '공지사항' 카테고리에서 '학사 일정'이라고 검색하면 학교 전체 일정을 알 수 있습니다. 학교행사 일정뿐 아니라 '여름방학식' '개학식' '종업식'과 같은 주요한 학교 일정도 미리 알 수 있죠.

정확한 날짜는 나오지 않더라도, 대략적인 주간이 있어 참고할 수 있습니다. 학사일정은 2월 말쯤 학교 홈페이지에 올라오니 입학하기 직전이나 입학한 후에 찾아보면 됩니다.

우리 아이가 입학한 후에는 점점 학교 홈페이지에 익숙해져야 합니다. 아이의 학교 일정이나 방과 후 학교, 늘봄학교, 어린이 참여 대회, 마을 행사, 도서관 행사 등 각종 안내가 학교 홈페이지의 '공지사항'에 올라옵니다. 방과 후 학교 강좌의 환불 신청서 등 각종 서류 양식도 '공지사항'에서 찾을 수 있고요.

요즘에는 학교 홈페이지의 안내 사항이 각종 학교, 학급 앱(하이클래스, e알리미 등)과 연동되어 굳이 학교 홈페이지로 들어가지 않아도 앱에서 실시간으로 확인할 수 있습니다. 앱을 통해 학교 홈페이지 내용을 살펴보고 필요한 자료나 안내 사항을 검색하면 됩니다.

학교행사에 뭘 입고 갈지 고민돼요

대표적인 학교행사인 학부모 공개수업 관련하여 SNS나 포털사이트에 검색해 보면 가장 많이 언급되는 건 '옷차림'입니다. 학부모 공개수업과 함께 자주 검색되는 연관 검색어도 '학부모 공개수업 복장'이에요. 많은 분이 그날 어떤 옷을 입어야 할지 고민이 많다는 뜻이겠죠?

관련 글들을 읽어 보면 옷차림이 적당한지 혹은 과하지 않은지, 심지어 명품백을 들어야 하는지 고민하는 경우도 많답니다. 이런 인터넷 고민 글들을 보면서 엄마 아빠가 참석하는 것만으로도 충분하다는 말씀을 꼭 드리고 싶었습니다.

아이는 부모 자체를 기다리고 있어요

부모님은 아이가 자랑스러워할 만한 모습으로 학교행사에 가고 싶어 합니다. 물론 깔끔한 옷차림은 아이와 선생님에 대한 존중의 표현일 수 있죠. 그러나 무엇보다 중요한 건 아이는 있는 그대로의 부모를 사랑하고 기다린다는 점이에요.

몇 년 전에 가족에 대해서 수업하다가, 아이들에게 제일 멋있고 예쁜 사람이 누구인지 물어본 적이 있습니다. 아이들이 유명인들로 유재석, 김연아, 도티 등을 이야기했습니다. 그러다가 그럼 그 사람들이랑 엄마 아빠랑 바꿀까? 물었더니 아이들이 엄청 이상한 표정을 짓더라고요. 선생님의 바보 같은 물음에 한 똑똑한 친구가 말했습니다.

"선생님! 어떻게 엄마 아빠랑 바꿔요?"

아이들은 부모를 세상 누구와도 바꾸고 싶지 않아 합니다. 이러한 아이들이 공개수업 날 보고 싶어 하고 기다리는 것은 자신을 응원해 주러 오는 부모님 그 자체일 뿐이에요.

학부모들끼리 다시 만나기 쉽지 않아요

현실적으로 최근에는 학부모들 간의 모임이 줄었습니다. 맞벌이 가정이 많은 데다 굳이 학부모들끼리 모이는 것을 원하지 않는 경우도 많죠. 인스타그램이나 카페에서 만나는 부모들을 오히려 더 친숙하게 느끼고 온라인에서 속이야기를 하는 시대입니다. 지금 학교행사에서 만난 다른 학부모들을 다시 만날 기회도 많지 않기에, 옷차림에 부담을 느끼지 않아도 괜찮습니다.

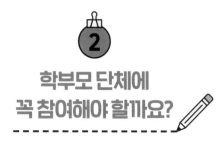

2
학부모 단체에
꼭 참여해야 할까요?

아이가 입학하고 3월이 되면 각종 학부모 단체에 대한 안내장이 쏟아집니다. 녹색어머니회, 학부모 폴리스, 책사랑회(도서관 학부모 모임), 학부모회, 급식 모니터링, 학교 운영 위원회……. 안내장들을 읽다 보면 학부모 단체가 정말 많다고 느껴질 수 있어요. 또 이 단체들에 참여하지 않으면 혹시 아이에게 불이익이 생기지 않을까 걱정됩니다. 그래서 담임교사로서 반 학부모님들에게 이런 질문을 받을 때가 있습니다.

"학부모회나 녹색어머니회 같은 학부모 단체에 꼭 참여해야 하나요? 참여하는 게 좋을까요?"

결론부터 말씀드리면, 참여하면 아이가 좋아하겠지만, 상황이 어렵다면 무리해서 참여할 필요는 없습니다. 모든 학부모가 반드시 참여해야 하는 단체도 있지만, 대부분의 학부모 단체는 자발적으로 운영되기 때문에 큰 부담을 느끼지 않으셔도 됩니다.

학부모 단체는 여전히 엄마들의 참여가 많지만, 최근에는 아빠들의 참여도 점차 늘고 있습니다. 학교 활동에 적극적인 아빠들이 많은 경우, 아버지회가 따로 만들어지기도 합니다.

예전에는 학부모 단체에 참여하는 것이 당연시되었고, 비공식적으로 같은 반 학부모끼리 모여 식사를 하거나 차를 마시는 일이 흔했습니다. 보통 반 대표 학부모를 중심으로 많은 학부모가 함께 모였죠. 하지만 요즘은 분위기가 많이 바뀌었습니다.

최근에는 학부모 단체 참여를 주저하는 부모님들이 늘어나고 있습니다. 요즘은 학부모 단체 구성이 어려울 정도로 참여율이 떨어집니다. 맞벌이 가정이 많아진 데다, 어른들 중에도 낯을 가리거나 쑥스러워하는 분들이 많기 때문이죠. 바쁜 현대사회에서 시간을 내기도 어렵고, 잘 모르는 사람들과 함께하는 것이 쉬운 일은 아닙니다.

교사이지만 워킹맘이기도 한 저 역시 학부모 단체에 참여하기가 주저되었습니다. 일 때문에 중요한 행사에 빠지면 다른 분들에게 피해가 가지는 않을까 하는 걱정이 있었죠.

저처럼 학부모 단체에 참여해야 할지 고민하는 분들이 꽤 많을 것입니다. 학부모 단체들이 어떤 활동을 하는지, 얼마나 자주 모이는지 잘 모르기 때문에 주저할 수도 있죠. 학교의 다양한 학부모 단체에 대해 자세히 알게 되면 고민을 더는 데 도움이 될 듯합니다.

학부모 단체	활동 내용	참여 대상	비고
학부모회	- 학부모회 자체 행사 지원	희망자 및 학급 대표 학부모	- 연 3~4회 활동 - 구체적인 행사의 주제와 횟수는 학부모회에서 자율적으로 정함 - 학급 대표 학부모에 지원하는 인원이 2인 이상이면 투표로 선출
녹색어머니회	- 교통 봉사	전 학부모	- 연 1~2회 활동
학부모 폴리스	- 학교 주변 순찰	희망자	- 등하교 시간에 2인 1조로 학교 주변을 순찰함 - 월 1~2회 활동
도서관 봉사 모임	- 도서관 정리 - 도서관 행사 지원	희망자	- 학교 상황에 따라 도서관 봉사 모임이 없는 경우도 있음 - 월 1~2회 활동
급식 모니터링	- 급식 조리 과정 점검 - 급식 지도 상황 점검	희망자	- 연 1~2회 활동
학교 운영 위원회	- 학교 운영 위원회 회의 참석 및 의결권 행사	희망자	- 체험학습, 학교 공사, 예산 사용 등 학교 주요 사항을 결정하는 데 의견을 낼 수 있음 - 연 5~6회 활동 - 학부모 위원 인원수인 5인을 초과하여 신청하면 투표로 선출

녹색어머니회는 많은 인원이 필요한 모임이라 대부분의 학교에서 모든 학부모가 의무적으로 참여하도록 하고 있습니다. 다른 단체들은 희망자 중심으로 구성됩니다. 물론 학부모회의 학급 대표 학부모나 학교 운영 위원회는 참여하고자 하는 학부모가 많을 경우 선거로 선출합니다.

많은 학부모 단체가 생각보다 자주 모이지 않는데, 예를 들어 녹색어머니회와 급식 모니터링은 1년에 1~2회 정도만 참여하면 됩니다. 학부모회는 보통 연 3~4회, 학교 운영 위원회는 연 5~6회 정도 모입니다. 물론 학부모회는 학부모회를 이끄는 학부모 임원이 적극적이고 다양한 행사를 많이 진행한다면 횟수는 늘어날 수 있습니다.

실제로 활동하는 학부모님의 이야기를 들어 보면 대부분 '우리 아이'를 위해 참여하게 되었다는 이야기가 많습니다. 녹색어머니회나 학부모 폴리스는 아이의 안전을 위해, 급식 모니터링은 아이 급식에 대한 관심에서, 학교 운영 위원회는 학교 교육활동에 대한 궁금증으로 참여하게 됩니다.

부모가 학부모 단체로 학교에 종종 오게 되면, 아이들이 좋아합니다. 이 이유가 참여 동기가 되는 경우가 가장 많습니다. 이제 그만 학부모 단체에 참여할까 싶다가도 아이의 기대에 또 참여하게 되었다는 얘기를 자주 듣습니다. 학부모 단체에 참여하기 주저했던 저도 엄마가 찾아오는 걸 좋아하는 아이로 인해 결국 참여하게 되었답니다. 학부모 단체는 결국 우리 아이, 그리고 함께 학교를 다니는 아이들을 위해 참여하게 되죠.

처음에는 아이 때문에 참여했지만, 학부모 단체에서 마음이 맞는 분들과 함께하다 보면 6학년까지 계속 활동하는 경우도 있습니다. 물론 여러 이유로 참여가 어려울 수 있지만, 학부모 단체는 자발적인 봉사 모임이므로 참여하지 않는다고 해서 아이가 실망하지는 않습니다. 기회가 있을 때 기쁜 마음으로 함께하면 충분합니다.

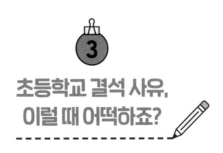

초등학교 결석 사유, 이럴 때 어떡하죠?

응급 상황! 아이가 아파서 학교에 못 가요

아이들은 크고 작게 아프며 자랍니다. 갑작스럽게 아이가 아파서 학교에 가지 못할 때는 어떻게 해야 할까요?

담임선생님에게 미리 연락해요

보통 등교하기 전 아침에 아이의 컨디션을 보고 학교에 보낼지 말지 결정하게 됩니다. 학교 등교 시간 전에 담임선생님에게 미리 연락하면 출석과 관련된 안내를 받을 수 있습니다. 다만, 학급 아이들과 아침 맞이를 하거나 1교시 수업을 하는 시간에는 담임선생님이 전화받기가 어렵습니다. 선생님 휴대폰 번호를 안다면 문자를 보내거나 학급 소통

앱으로 채팅을 남겨 두면 좋습니다. 학교 내선전화만 알고 있다면, 아침 8시 30분에서 9시 사이에 연락하면 됩니다.

아파서 결석하면 질병 결석

아이가 아파서 학교에 결석하게 되면, 출석부에는 '질병 결석'으로 기록됩니다. 이런 출석 사항은 학기말에 받게 되는 '학교생활통지표'와 '학생기록부'(둘 다 아이 학교생활 관련 정보가 담긴 서류입니다. 줄여서 '통지표'나 '학생부'라고 불립니다)에 남지요. 혹시 감기로 아파서 2일 결석했다면, 통지표에 최종적으로는 질병 결석이 '2일'로 적힙니다.

이렇게 질병 결석이 되기 위해서 필요한 서류가 있어요.

질병 결석 일수	필요 서류
1~2일	결석신고서
3일 이상	결석신고서+진단서, 의사 소견서, 진료 확인서 등

1~2일 질병 결석은 '결석신고서'를 제출하면 되고, 진단서나 소견서를 필요로 하지 않아요. 3일 이상 병으로 장기 결석 할 경우에는 결석계와 함께 진료 기간이 적혀 있는 진단서, 의사 소견서, 진료 확인서 등이 필요합니다. 서류를 필요로 하는 결석 일수의 기준이 3일이라는 점만 기억해 두세요.

법정 감염병이라면 출석 인정 결석

홍역이나 수족구 등 법적으로 전염성 있는 질병은 아이가 완치 판정을 받을 때까지는 학교 등교가 어려워요. 그 대신 '질병 결석'이 아니라 학교를 나온 것으로 인정해 주는 '출석 인정 결석'으로 기록됩니다. 전염을 막기 위한, 공익을 위한 결석이기 때문이죠. 그래서 '학교생활통지표'에도 '질병 결석'이 아니라 출석한 것으로 입력됩니다.

출석은 걱정하지 마시고, 아이가 다 나을 때까지 푹 쉬다가 오면 돼요. 그리고 다 나아 등교할 때 완치되었다는 의사 소견서나 진단서가 꼭 필요하니 마지막 병원 진료 시 서류를 꼭 챙겨야 합니다.

소소한 출석 절차들은 다 외우지 않아도 됩니다. 앞으로 학교생활을 하다 보면 저절로 익숙해질 거예요.

가장 중요한 것은 우리 아이들이죠. 학교 하루 이틀 나오지 않는다고 해서 별일 안 생깁니다. 너무 자주 결석하는 것이 아니라면, 아프면 쉬어 가는 것이 당연합니다. 결석계 등 필요한 서류는 선생님에게 안내받은 대로 아이가 다 나은 후 다시 등교할 때 제출하면 충분하답니다.

🎙 학교 가는 날, 가족여행을 다녀오고 싶어요

학기 중에 갑자기 친척 집에 며칠 가야 하거나 연휴 기간 동안 조금 더 길게 가족여행을 가고 싶을 때가 있습니다. 이럴 때 쓰는 것이 '학교장 허가 교외체험학습'입니다. 학교장 허가 교외체험학습이란 말 그

「학교장허가 교외체험학습」 신청서

							담임	부장

※신청서 제출 기한 (3)일 이전, 보고서 제출 기한 (7)일 이내

성 명			학년 반 번			휴대폰		
본교 출석인정기간 연간(20)일	신청 기간	1일 기준	2024 년 월 일 ~ 월 일			총 ( )일간		
		반일 기준 (4시간 미만)	날짜	2024 년 월 일				
			시간	시 분 ~ 시 분				
	우리 학교 학교장허가 교외체험학습 세부 규칙 및 불허기간 확인 ※ 필요시 담임교사와의 사전 협의 또는 문의					(○ , ×)		
학습형태	◦가족 여행( ) ◦친인척 방문( ) ◦답사·견학 활동( ) ◦체험 활동( )							
목적지					(숙박시) 숙박장소			
보호자명		관계			휴대폰			
인솔자명		관계			휴대폰			
목 적								
교외체험 학습계획								
학생안전	교외체험학습이 5일 이상 연속될 경우 학생의 건강과 안전을 위하여 주 1회 이상 학생이 담임(담당)교사와 직접 통화하겠습니다.					□ 동의함		

위와 같이 「학교장허가 교외체험학습」을 신청합니다.

2024 년 월 일

보호자 : (인)
학생 : (인)

○○초등학교장 귀하

---------------------(이하 담임 작성)---------------------

학교장허가 교외체험학습 통보서

성 명			학년 반	제 학년 반 번		
본교 출석 인정 기간 연간 (20)일	신청 기간	1일 기준	2024 년 월 일 ~ 월 일( )일간			
		반일 기준 (4시간 미만)	2024 년 월 일 시 분 ~ 시 분(시간)			
금회까지 누적 사용 기간 ( )일	위와 같이 허가 처리되었음을 알려 드립니다. 2024 . ○○초등학교 ( )학년 ( )반 담임교사 : (인) 보호자님 귀하					

※ 보호자가 신청서를 제출하였다 하여 체험학습이 허가된 것이 아니며 담임교사로부터 반드시 **최종 허가 여부 통보서(또는 문자)를 받은 후 실시**해야 합니다.

※ 신청서 제출 기한은 (3)일 이전, 보고서 제출 기한은 (7)일 이내

학교장 허가 교외체험학습 신청서

대로, 학교 교장선생님의 허가를 받는 학교 밖의 개인 체험학습을 말합니다. 이 체험학습은 결석으로 기록되지 않고 출석이 인정되니 미리 알아 두면 필요할 때 활용할 수 있습니다.

미리 신청하고 다녀와서 보고서를 내요

교외체험학습은 체험학습 신청서를 미리 제출해야 합니다. 교장선생님의 허가가 필요하기 때문이죠. 또한, 체험학습을 다녀온 뒤에는 체험학습에 대한 보고서를 제출해야 해요. 교외체험학습의 신청서와 보고서는 나이스 시스템으로 신청할 수 있습니다. 예전에는 주로 종이 서류로 제출했지만 2024년 2학기부터는 '나이스 학부모 서비스' 사이트 또는 앱을 통해 신청서와 보고서를 받는 것으로 바뀌었습니다.

교외체험학습의 중요한 부분은 신청서와 보고서 제출 기한을 지켜야 한다는 거예요. 보통 체험학습 3일 전에 신청서를 제출하고, 다녀온 뒤 7일 안에 보고서를 제출하는 것이 일반적인 학교 규정입니다. 제출 기한이 넘으면 '미인정 결석'으로 기록될 수 있어요. 정확한 일수는 학교마다 달라질 수 있으니 학교의 규정을 꼭 확인해 보세요.

교외체험학습이 인정되는 것과 안 되는 것

교외체험학습을 사용할 수 있는 경우는 현장체험학습, 친인척 방문, 가족동반 여행, 고적답사, 지역행사 참여 등이 있습니다. 직접적인 경험, 활동, 실천을 통해 교육적 효과가 나타나는 체험학습에 대해 쓸 수 있어요. 체험학습 신청서를 보고 학교장의 판단으로 위의 범주에 해당한다면 사용이 가능합니다.

교외체험학습을 사용할 수 없는 경우도 있습니다. 학원 수강, 정해진 교외체험학습 일수를 넘어간 체험학습 신청, 해외 어학연수 등에는 사용이 어려워요. 이 외에도 학교장이 비교육적이라고 판단한 체험활동은 허가하지 않을 수도 있습니다.

CHAPTER
3

안녕!
1학년
교과 학습 준비

예비 초등 학부모님들 중에는 1학년 아이들이 구체적으로 무엇을 배우는지 물어보는 분이 많습니다. 입학한 이후에 아이에게 교과서를 집으로 가져와 보라고 하거나, 담임선생님에게 교과서를 집에 가져와도 괜찮냐고 묻는 분들도 있습니다. 그만큼 우리 아이가 무엇을 배우게 되는지, 또 어떻게 배우고 있는지 궁금한 부모님이 많다는 뜻이겠죠.

초등학교 1학년. 이제 본격적으로 학습을 시작하는 시기에 우리 아이들은 무엇을 배우게 될까요? 아이들이 배울 교과를 살펴보면 쉽게 파악할 수 있습니다. 초등학교 1학년은 총 여섯 가지의 교과를 배우게 됩니다. 국어, 수학, 바른 생활, 슬기로운 생활, 즐거운 생활, 창의적 체험활동이죠. 이 중 바른 생활, 슬기로운 생활, 즐거운 생활은 각각 다른 교과로 배우는 것이 아니라 하나의 주제를 바탕으로 통합하여 배웁니다. 그래서 이 셋을 하나로 묶어 '통합교과'라고 부릅니다.

이 장에서는 1학년의 각 교과가 어떤 것들을 중점으로 가르치고 있는지, 가정에서 도와줄 부분은 무엇인지 교과별로 짚어 드리려고 합니다.

1학년 교육과정에 대한 설명은 하나하나 자세히 읽기보다는 전체적으로 살펴보며 아이의 1년 동안 학습 로드맵이 흘러가는 방식을 파악해 보시기를 권합니다.

PART
1

국어

무엇을 배울까?

'1학년 국어의 핵심은 한글이다'라고 해도 과언이 아닙니다. 그만큼 1학년 때 한글을 익혀서 글자를 편안하게 읽고 쓸 수 있도록 하는 것이 중요합니다. 1학년 때 배우는 모든 교과 중에 국어를 배우는 시간이 가장 많습니다. 1학년 시기에 한글을 배우는 시간을 넉넉하게 주기 위해서입니다.

1학년 1학기 국어 교과서는 한글을 전혀 모르는 아이들도 한글을 편안하게 시작할 수 있도록 모음과 자음부터 배우게 됩니다. 구체적으로 1학년 국어 교과서 단원들을 들여다보며 어떤 것들을 배우는지 알아볼까요?

단원	단원명	단원 학습 내용
한글 자음 모음	한글 놀이	– 친구들과 즐겁게 글자 놀이를 하기 – 모음자와 자음자 익히기
1	글자를 만들어요	– 자음과 모음의 결합 법칙을 이해하기 – 받침 없는 글자를 읽고 쓰기
2	받침이 있는 글자를 읽어요	– 받침이 있는 글자를 읽기 – 다른 사람의 말을 집중해 듣고 바른 자세로 발표하기
3	낱말과 친해져요	– 받침이 있는 글자를 쓰기 – 여러 가지 낱말을 읽고 쓰기
4	여러 가지 낱말을 익혀요	– 여러 가지 주제의 낱말을 접하기 – 자신의 생각을 표현하기
5	반갑게 인사해요	– 일상생활 속에서 인사말을 사용하기 – 즐거운 마음으로 인사하기
6	또박또박 읽어요	– 문장을 정확하게 소리 내어 읽기 – 문장부호의 쓰임을 익혀 의미가 잘 드러나게 글을 띄어 읽기
7	알맞은 낱말을 찾아요	– 그림에 알맞은 문장을 말하기 – 알맞은 낱말을 넣어 문장 완성하기

아이들이 입학한 3월 초, 1~2주의 적응 기간이 끝나고 나면 국어 수업을 시작합니다. 정식 수업을 시작한 지 얼마 안 된 아이들이기에 처음에는 '한글 놀이' 단원을 통해 친구들과 즐겁게 글자를 익힙니다. 아이들끼리 친해질 수 있게 매시간 다양한 놀이를 하며 수업이 진행됩니다. 여러 놀이를 바탕으로 한글 자음과 모음을 즐겁게 배웁니다.

이후에 받침이 없는 글자, 받침이 있는 글자를 읽고 쓰며 자음과 모음이 서로 만나 글자를 이루는 원리를 익힙니다. 실제로 글자가 사용되는 예시를 살피기 위해 다양한 낱말도 읽고 씁니다.

1학기 내내 글자만 익히는 것은 아니고, 다른 사람의 말을 경청하는 방법, 바른 자세로 친구들 앞에서 발표하는 방법도 배웁니다. 또 자신의 생각을 말하고 여러 가지 상황에서 알맞게 인사하는 것을 경험하고 생활 속에서 실천합니다.

그다음으로 아이들은 낱말 수준을 넘어 문장을 다루게 됩니다. 글자로 적힌 문장을 소리 내어 읽는 연습을 하지요. 특히 문장부호를 처음으로 배우게 되는데, 아이들이 문장과 글 속 의미를 살려서 읽기 위해 배웁니다. 마지막 단원에서는 문장을 정확하게 읽고 문장 속 빈칸에 알맞은 낱말들을 넣을 수 있도록 가르칩니다. 아이들에게 문장을 혼자 생각하여 쓰게 하는 활동은 주로 2학기에 본격적으로 하게 됩니다.

이렇게 1학기 국어 수업은 절반의 시간 동안 한글을 읽고 쓰는 법을 배웁니다. 그 이후부터는 단순히 글자를 읽고 쓰는 것을 넘어, 다양한 낱말들을 익히며 배경지식을 넓혀 갑니다. 그리고 다양한 문장을 읽고 내가 생각한 것을 문장으로 나타낼 수 있는 것까지 익히며 1학기가 끝납니다.

단원	단원명	단원 학습 내용
1	기분을 말해요	- 듣는 사람을 생각하며 자신의 마음 표현하기
2	낱말을 정확하게 읽어요	- 낱말을 정확하게 적기 - 글에서 글쓴이가 하고 싶은 말 찾기
3	그림일기를 써요	- 경험한 일을 발표하기 - 그림일기로 표현하기
4	감동을 나누어요	- 일이 일어난 차례를 알기 - 이야기에 대한 느낀 점 나누기
5	생각을 키워요	- 글자와 책에 흥미를 가지기
6	문장을 읽고 써요	- 생각을 문장으로 표현하기 - 자연스럽게 문장을 읽기

7	무엇이 중요할까요	- 무엇을 설명하는지 생각하며 글 읽기 - 겪은 일을 글로 쓰기
8	느끼고 표현해요	- 장면을 상상하며 읽기 - 이야기에 대한 느낌 나누기

2학기에는 문장과 글을 본격적으로 다루기 시작합니다. 특히 그림책, 시 등 문학작품들을 다양하게 접합니다. 글의 양은 비교적 짧은 편이지만, 1학기 때에 비해 한 수업에서 다루는 작품들의 글 양이 많이 늘어났음을 알 수 있습니다.

그리고 충분한 양의 문학작품과 주장하는 글을 읽으며 이해하는 연습을 합니다. 아이들에게 단순한 듣고 쓰기 등 글자를 읽고 쓸 수 있도록 가르쳤던 1학기에 비해 국어 수준도 한 단계 나아가는 것이죠. 문장과 글에 담긴 글쓴이의 생각과 마음을 짐작하며 글자 너머의 상대방을 이해해 보기도 합니다. 글쓴이가 하고 싶은 말은 무엇인지, 어떤 의견을 가졌는지 찾아봅니다.

반대로 이제 자신이 가진 감정, 기분, 그리고 머릿속에 떠오르는 생각들을 문장으로 자세히 표현하는 법도 배우게 됩니다. '오늘 어땠어?'라는 질문에 '재밌었어요'로만 답하기 쉬운 아이들이 '심장이 두근두근했어요' '다음에 또 하고 싶었어요'처럼 다양하게 나타낼 수 있게 여러 표현을 익히는 것이죠.

문장에서 한 발짝 더 나아가 글을 씁니다. 부모님 세대가 어릴 때 많이 썼던 '그림일기'가 1학년 2학기 때 처음으로 등장합니다. 아이들이 가장 쉽게 쓸 수 있는 글의 형태가 자신이 경험한 일을 쓰는 '일기'죠. 그러다 보니 1학년 시기에는 어김없이 일기를 쓰게 됩니다. 거기다 모든 것을 다 글로 표현할 수 없으니 그림으로 부연 설명을 합니다.

가정에서 어떻게 도와줄 수 있을까?

아이들이 학교에서 국어 수업을 통해 한글을 익히고, 문장과 글을 읽고 쓰는 1학년 시기에 가정에서는 아이들을 어떻게 도울 수 있을까요? 가정에서 이것만큼은 꼭 도와주었으면 하는 두 가지가 있습니다. 한글을 잘 익히고 있는지 확인하는 것과 많은 양의 책을 읽도록 돕는 것입니다.

한글을 잘 익히고 있는지 확인하기

1학년이 끝나는 시점에 아이들이 국어에서 꼭 터득해야 하는 능력은 한글을 유창하게 읽고 쓰는 것입니다. 받침이 있는 글자들도 눈으로 보고 바로 읽을 수 있어야 합니다. 맞춤법은 조금 틀리더라도 자신이 표현하고 싶은 말을 글자로 쓸 수 있어야 합니다. 큰 어려움 없이 읽고 써야 한다는 것입니다.

1학년 말까지 기다리기보다는 가정에서 중간중간 아이가 글을 잘 읽고 쓰는지 살펴봐 주면 좋습니다. 학교에서 진행하는 한글 수업은 6월쯤에 끝나는데요. 아이의 한글 실력은 6월에 그림책을 함께 읽어 보면 알 수 있습니다. 짧은 그림책 한 권을 아이와 한 줄씩 번갈아 읽어 보면 됩니다. 아이가 지나치게 버벅거리며 그림책을 읽지는 않는지 살펴보세요.

아이의 쓰기 능력을 파악하고 싶다면 아이와 짧은 일기나 편지를 써 보면 됩니다. 이때 아이가 맞춤법을 몇 개 틀리는 정도의 수준은 괜찮습니다. 1학년은 한글 교육이 완전히 완료되는 시기가 아닙니다. 최소한 초등학교 2학년이 끝나야 크게 틀리는 맞춤법 없이 쓰기가 가능합니다. 그러나 다른 사람이 읽었을 때 어떤 의미인지 알 수 없거나 아이가 쓰는 것 자체를 어려워한다면 가정 내에서 도움이 꼭 필요합니다.

꼭 6월, 12월이 아니더라도 중간중간 아이와 그림책을 읽고 글씨를 써 보는 활동을 자주 해 보면 더할 나위 없이 좋습니다.

체계적인 한글 해득 진단을 해 보고 싶다면?

만약 체계적인 한글 진단을 해 보고 싶다면 국가기초학력지원센터에서 무료로 다운받을 수 있는 '찬찬한글 한글 해득 수준 진단 도구'

자료를 활용할 수 있습니다. 본래 이 자료는 학교에서 담임선생님이 초등학교 저학년을 대상으로 한글 수준을 진단할 수 있도록 만들어진 것입니다. 그렇지만 가정에서도 충분히 활용 가능한 자료입니다. 또 부족한 부분은 연계된 찬찬한글 자료로 보충할 수 있습니다.

초등학교 한글
해득 프로그램
'찬찬한글'

Q. 우리 아이가 난독증은 아닐까요?

아주 간혹 난독증을 가진 아이들이 있습니다. 난독증은 학습 장애의 하나로 읽기에 큰 어려움을 겪는 증상입니다. 난독증이 있다면 보고 따라 쓰는 것은 가능하나 받아쓰기를 못 합니다. 또한 혼자 읽고 이해하기는 어렵지만 같은 글을 곁에서 읽어 주면 이해합니다.

이런 난독증이 있는 아이들이 확연히 드러나는 시기는 7~8월입니다. 보통 1학년 3~5월에 한글을 집중적으로 배웁니다. 이 시기가 지나 7~8월이 되었는데 입학 전과 비교해 아이의 읽기 쓰기에 큰 변화가 없다면 담임선생님과 상담해 보는 것이 좋습니다.

혹시 입학 전까지 아이가 자기 이름, 엄마, 아빠와 같이 아주 익숙한 단어를 읽고 쓰는 걸 많이 어려워한다면, 입학 후 한글을 익히는 과정에서 아이의 실력이 늘고 있는지 좀 더 자세히 살펴보기를 바랍니다.

물론 아이에게 난독증이 있다고 하더라도 충분히 잘 성장할 수 있습니다. 영화배우 톰 크루즈, 애플의 설립자 스티브 잡스, 토머스 에디슨 등 많은 이들이 어릴 때 난독증을 겪었음에도 잘 성장하여 자기 분야에서 큰 업적을 이뤘습니다.

최근 교육부와 각 지역 교육지원청에서는 아이들의 기초학력에 큰 관심을 갖고 있습니다. 난독증으로 어려움을 겪는 아이들을 따로 수요 조사하여 학교 밖 센터 교육비 및 치료비를 지원하는 사업도 진행 중입니다. 난독증으로 어려움이 있다면 담임선생님과 충분히 상의하여 도움을 받을 수 있는 센터를 다니면 좋을 것 같습니다.

그러나 ㄹ이나 ㄷ 등 자음을 가끔 거꾸로 쓰는 건 이 시기에 자주 있는 실수입니다. 아이의 사소한 실수들을 보며 지레 난독증이 아닐까 걱정하지 마시라 당부드립니다.

⚇ 최대한 많은 양의 책 읽기

어떤 언어든지 빠르게 습득하기 위해 반드시 필요한 것은 많은 언어적 자극입니다. 듣고 말하기가 충분하게 되는 아이들은 읽고 쓰기의 단계, 특히 '읽기'에 많은 자극이 있어야 합니다. 최대한 많은 양의 책을 읽는 게 중요하다는 것이죠.

초등학교 1학년 시기에 가장 쉽게 접할 수 있는 책은 그림책입니다. 그림책은 종류도 한 가지가 아닙니다. 문학작품으로 하나의 이야기를 담고 있는 그림책이 많지만 과학적인 사실이나 사회적인 현상에 대한 문제의식을 담은 그림책도 많습니다. 과학과 사회 현상을 저학년 학생들이 쉽게 이해할 수 있도록 이야기로 풀어낸 그림책이죠. 이런 다양한 종류의 그림책을 아이들이 최대한 많이 읽는 것이 좋습니다.

이 시기에 부모님들이 종종 그런 말씀을 합니다.

"우리 아이는 책을 읽으라고 아무리 얘기해도 듣지를 않아요. 책을 안 읽어요."

이때 생각해 볼 것은 세 가지입니다.

쇼츠, 릴스와 같은 과한 자극에 노출되어 있는가?

영상은 시각적 정보와 청각적 정보가 동시에 휘몰아치는 매체입니다. 아무리 영상 아래 자막이 있다고 해도 아이들은 그 자막을 잘 읽지 않습니다. 너무 많은 감각 자극과 정보가 주어지기 때문에 아이들은 영상을 보면서 '생각'하지 않게 됩니다. 더군다나 영상 중에서도 자극적인 장면만을 30초~1분 사이로 편집한 쇼츠, 릴스에 익숙해진 아이들은 긴 흐름의 매체를 보기 힘들어합니다.

아이들의 뇌 발달을 돕기 위해서는 너무 많은 감각과 정보가 제공되는 매체에 자주 노출되지 말아야 합니다. 영상 매체에 익숙해진 아이들은 적은 정보와 약한 자극을 주는, 비교적 심심한 그림책에 흥미를 갖기 어렵습니다. 유튜브 등 영상 시청 시간을 되도록 줄여야 아이의 입장에서 그동안 심심하게 느껴졌던 책이 그나마 더 재미있게 느껴질 겁니다.

초등학교 1학년 시기의 아이들은 글만 보고 모든 것을 이해하기에는 한글 해득 수준이 충분하지 않기에 글과 그림이 같이 있는 그림책이 적합합니다. 글에서 온전히 이해하지 못한 부분도 그림을 보면서 함께 이해할 수 있기 때문입니다. 글과 그림이 함께 주어진다고 하더라도 아이들은 그림책 장면을 이해하기 위해 '생각'을 하며 이때 뇌 발달이 됩니다.

우선 영상 보는 시간을 줄이고 아이가 순한 맛 매체에 익숙해지도록 도와주시길 바랍니다.

읽기에 어려움을 느끼는가?

읽으라고 해도 책을 읽지 않는 아이. 사실은 책 읽는 것 자체에 어려움이 있을 수 있습니다. 읽는 것 자체에 무리가 없어야 책 내용에서 재미를 느낄 수 있는데요. 아이가 책에 있는 글자를 더듬더듬 읽으며 읽기 유창성이 떨어지면 책에서 재미를 느낄 틈이 없습니다. 읽기가 어려우니 책 읽는 것이 하나의 과제가 되어 버립니다.

부모님 입장에서도 초등학교 1학년이면 아이가 한글을 읽기는 하니 어릴 때처럼 부모가 읽어 줄 필요가 없다고 느끼기 쉽습니다. 조금 어려워하긴 해도 읽을 수는 있으니 알아서 잘 읽었으면 좋겠다고 생각하는 것이죠.

아이가 스스로 유창하게 책을 읽는다면 '읽기 독립'이 이루어졌다고 얘기하는데, 초등학교 1학년 시기에 이 읽기 독립이 되지 못한 아이들이 꽤 많습니다. 유난히 만화로 이루어진 책을 이 시기에 많이 읽는 이유도 이 점과 연관이 있습니다. 글자만 읽는 것에 부담이 있으니 만화로 내용을 많이 이해하는 것이죠.

만약 아이가 혼자서 그림책을 잘 읽으려 하지 않는다면 잠자기 직전에 부모님이 책 두세 권을 꾸준히 읽어 주는 잠자리 독서를 해 보세요. 잠자기 전처럼 특정한 시간에 부모님과 함께 꾸준히 읽는 경험을 하면 아이의 한글 실력도 늘고 독서에 대한 긍정적인 경험도 풍부하게 쌓입니다.

아이의 관심사에 부합하는가?

아이가 좋아하는 관심 분야의 책이 아니라서 책을 멀리할 수도 있습니다. 자동차를 좋아하는 아이인데, 집 안에는 세계명작동화, 이솝우화 같은 책들만 가득하다면 아이가 책 자체에 흥미를 갖기 어렵겠죠. 자동차를 좋아하는 아이에게는 자동차와 관련된 그림책, 정보책을 우선적으로 볼 수 있게 해 주는 것이 좋습니다. 아이의 관심사와 책의 주제를 비슷하게 맞추는 거예요.

그런데 아이의 관심사에 맞는 책을 사 주고 싶은 마음에 초등학교 1학년 아이에게 서점에 가서 갖고 싶은 책을 자유롭게 골라 오라고 하는 경우가 있습니다. 책을 원래 가까이하거나 서점에서 스스로 골라 본 경험이 많은 아이라면 모르지만, 이 시기의 아이들은 자신의 수준에 알맞은 책을 고르기 어려워합니다.

어떤 아이들은 자동차를 좋아하니 어른들이 읽을 만한 자동차 책을 가져오기도 합니다. 예쁜 그림체의 어린이들이 그려진 표지만 보고

5~6학년들이 읽을 만한 청소년 소설을 가져오기도 하고요. 보통의 초등 1학년 아이들에게는 글의 양이 많은 책들은 무리가 있습니다. 만약 아이의 관심사 안에서 좋은 책을 사 주고 싶다면, 아이 수준에 맞는 서점의 어린이 도서 코너에서 좋아하는 책을 골라 오면 된다고 명확하게 얘기해 주세요.

📚 국어 교과서 수록 도서 목록 추천

1학년 1학기 수록 도서

순서	책 제목	글쓴이	출판사
1	숨바꼭질 ㅏ ㅑ ㅓ ㅕ	김재영	현북스
2	노란우산	류재수	보림출판사
3	감자꽃(창비아동문고 144)	권태응	창비
4	최승호 시인의 말놀이 동시집 1	최승호	비룡소
5	구름 놀이	한태희	아이세움
6	맛있는 건 맛있어	김양미	시공주니어
7	학교 가는 길	이보나 흐미엘레프스카	논장
8	우리는 분명 연결된 거다	최명란	창비
9	꽃에서 나온 코끼리	황K	책읽는곰
10	도서관 고양이	최지혜	한울림어린이
11	모두 모두 한집에 살아요	마리안느 뒤비크	고래뱃속
12	꼭 잡아!	이혜경	여우고개
13	모두 모두 안녕!	윤여림	웅진주니어
14	코끼리가 꼈어요	박준희	책고래

1학년 2학기 수록 도서

순서	책 제목	글쓴이	출판사
1	내 마음을 보여 줄까?	윤진현	웅진주니어
2	화내지 말고 예쁘게 말해요	안미연	상상스쿨
3	대단한 참외씨	임수정	한울림어린이
4	다니엘의 멋진 날	미카 아처	비룡소
5	그래, 책이야!	레인 스미스	문학동네
6	괜찮아 아저씨	김경희	비룡소

7	아주 무서운 날	탕무니우	찰리북
8	진짜 일 학년 책가방을 지켜라!	신순재	천개의바람
9	마음이 그랬어	박진아	노란돼지
10	브로콜리지만 사랑받고 싶어	별다름, 달다름	키다리
11	인사	김성미	책읽는곰
12	친구를 모두 잃어버리는 방법	낸시 칼슨	보물창고

PART
2

수학

무엇을 배울까?

1학년 시기에 배울 수학 내용은 아이들에게 완전히 새로운 내용이 아닙니다. '우리 집은 5층에 있어' '엄마랑 책 두 권만 읽을까?' '이건 동그라미 모양이잖아?'처럼 초등학교에 입학하기 전에 생활 속에서 보고 배워 온 수학적 경험들을 수학 개념으로 정리하는 것입니다. 교육과정과 교과서도 아이들이 지금 배우는 것을 전혀 모른다고 전제하지 않습니다. 경험을 통해 알게 된 배경지식을 개념적으로 잘 정리할 수 있도록 수업 내용이 구성되어 있습니다.

1학년 수학 교과는 아이들이 수학을 가깝게 느낄 수 있도록 교실, 놀이터, 가게 등 아이들에게 친숙한 장소의 물건, 상황을 통해 수학을 배웁니다. 또한 다양한 놀이 활동을 교과서의 차시마다 실어 놓았습니다. 처음 배우는 수학 교과를 어렵게 생각하지 않고 재미있고 즐겁다고 인식할 수 있게 돕기 위해서입니다.

이런 수학 교과에서 무엇을 배우는지 1학년 수학 교과서 단원들을 들여다보며 살펴보도록 하겠습니다.

단원	단원명	단원 학습 내용
1	9까지의 수	- 9까지의 수를 세며 읽고 쓰기 - 9까지의 수 범위에서 순서를 알고 수 크기 비교하기
2	여러 가지 모양	- 생활 속에서 구, 원기둥, 직육면체 모양을 찾고 특징 알기
3	덧셈과 뺄셈	- 9까지의 수를 가르고 모으기 - 덧셈과 뺄셈의 의미를 알고 다양한 방법으로 계산하기
4	비교하기	- 실생활에서 비교하기의 의미와 필요성 알기 - 두 가지, 세 가지 대상의 길이, 무게, 넓이, 들이를 직접적이고 직관적으로 비교하기 - 비교한 결과를 말로 표현하기
5	50까지의 수	- 10의 개념을 알고 10을 여러 방법으로 가르기 - 19까지의 수를 가르고 모으기 - 50까지의 수를 10씩 묶음과 낱개로 나타내며 세기 - 50까지의 수를 읽고 쓰기 - 50까지의 수 범위에서 순서를 알며 비교하기

입학 적응 기간이 끝나면 아이들은 처음으로 수학을 배우게 됩니다. 가장 먼저 배우는 수는 9까지의 수와 0입니다. 9까지의 수를 '하나, 둘, 셋……'과 '일, 이, 삼……', 이 두 가지 방식으로 세고 읽는 연습을 합니다. 또한 '5보다 하나 더 많은' '7보다 하나 더 적은'의 표현으로 수의 계열성을 배우고 수의 크기 비교 연습을 합니다. 2022 개정 교육과정부터 1학년 어린이들이 한글을 배우는 과정이라

는 점을 고려하여 '일곱' '여덟' 등 숫자들을 한글로 쓰는 활동이 교과서에서 사라졌습니다.

'여러 가지 모양' 단원에서는 입체도형을 배웁니다. 아이들은 구, 원기둥 등 수학적 용어를 직접적으로 사용하지 않고 공 모양, 딱풀 모양 등 도형의 이름을 반 아이들과 의논해서 붙입니다. 특징도 잘 굴러간다, 반듯하다 등 쉬운 표현으로 풀어서 설명할 수 있도록 합니다.

'덧셈과 뺄셈' 단원은 9까지의 수 범위 내에서 덧셈과 뺄셈을 할 수 있도록 연습합니다. 덧셈과 뺄셈 단원들은 2학기까지 여러 번 나옵니다. 덧셈과 뺄셈을 배울 때 숫자가 실제 물건으로 표현되어야 쉽게 이해하는 1학년의 특성을 고려합니다. 연결큐브, 바둑돌 등 구체적인 물건으로 수를 가르고 모으며 덧셈과 뺄셈의 기초를 닦습니다. 이후에 숫자만 가지고 숫자를 두 개로 가르고, 두 개의 숫자를 하나로 모으는 연습을 합니다.

1학기의 '덧셈과 뺄셈'은 단원 전반적으로 실생활 속 상황을 이용해 덧셈과 뺄셈을 다루어 아이들이 수학을 좀 더 가깝게 느낄 수 있게 합니다. 주어진 숫자가 9까지의 수라는 작은 범위에 있기 때문에 계산을 어려워하는 경우는 거의 없습니다. 덧셈과 뺄셈의 개념과 +, −, = 기호의 쓰임새를 이해하는 것이 중요한 단원입니다.

'비교하기' 단원에서 아이들은 길이, 무게, 넓이, 들이를 비교하는 수학적 표현을 배웁니다. '개미는 코끼리보다 더 가볍습니다' '운동장은 교실보다 더 넓습니다' '색종이, 교과서, 책상 중 책상이 가장 넓습니다'와 같이 두세 개의 대상을 비교하는 표현을 읽고 말하는 연습을 합니다. 이 단원에서도 1학년이 한글을 익히는 과정인 점을 고려해 비교하기 표현을 글로 쓰는 활동이 없고, 입으로 말하거나 알맞은 표현에 ○표를 하는 식의 활동들로 이루어져 있습니다.

'50까지의 수' 단원은 10부터 50까지의 수 개념을 익히는 것이 중요한 단원입니다. 십진법을 익히기에 10씩 묶고 10씩 묶음과 낱개를 세는 연습을 자주 합니다. 또 이 50까지의 수를 '서른셋' '삼십삼'과 같이 두 가지로 읽을 수 있도록 합니다. 이 50까지의 수 범위 내에서 순서를 알고 비교합니다.

또 50까지의 수 개념뿐 아니라, 10을 가르고 모으기, 십몇을 가르고 모으는 학습 내용을 비중 있게 다룹니다. 만나서 10이 되는 두 수를 아는 것과 십몇을 가르고 모으는 연습은 받아올림이 있는 덧셈과 받아내림이 있는 뺄셈을 위한 기초 과정입니다. 이 연습을 충분히 해 줘야 2학기에 나오는 받아올림이 있는 덧셈과 받아내림이 있는 뺄셈을 수월하게 배울 수 있습니다.

보통 1학년 1학기 수학 시간에 막힘없이 대답하던 아이들이 1학기의 마지막 '50까지의 수' 단원부터 멈칫거립니다. "마흔둘을 다른 말로 뭐라고 하지?" "오십을 다른 말로 뭐라고 하지?"라는 질문에 대답하기 어려워합니다. 생활 속에서 경험하며 자연스레 알고 있던 것, 그 이상의 학습 내용들이 나오기 때문이죠.

또한 십몇을 가르고 모으는 과정을 어려워하며 헤매는 경우가 있습니다. 이럴 때는 바둑돌이나 집에 있는 블록 등 물건을 활용해 숫자를 눈에 보이게 만들고 가르기와 모으기를 직접 할 수 있게 도와주면 좋습니다. 물건이 마땅치 않다면 종이에 숫자만큼 동그라미를 그려 가르고 모으는 것도 도움이 됩니다.

단원	단원명	단원 학습 내용
1	100까지의 수	- 100까지의 수를 10씩 묶음과 낱개로 나타내며 세기 - 100까지의 수를 읽고 쓰기 - 개념을 이해하고 수를 세고 읽고 쓰기 - 100까지의 수 범위에서 순서를 알며 비교하기 - 짝수 홀수 개념 알기
2	덧셈과 뺄셈(1)	- 10이 되는 더하기, 10에서 빼기 - (십)+(몇)=(십몇) 계산하기 - 더하여 10이 되는 두 수를 이용한 세 수의 덧셈하기
3	모양과 시각	- 생활 속에서 평면 ○, △, □ 도형을 찾고 특징 알기 - 몇 시, 몇 시 30분 알고 생활 속에서 말하기
4	덧셈과 뺄셈(2)	- (몇)+(몇)=(십몇)과 같은 받아올림이 있는 덧셈하기 - (십몇)-(몇)=(십), (십몇)-(몇)=(몇)과 같은 받아내림이 있는 뺄셈하기 - 덧셈식과 뺄셈식을 여러 가지 방법으로 계산하기
5	규칙 찾기	- 물체, 무늬, 수 배열에서 규칙을 찾고 여러 가지 방법으로 규칙을 표현하기 - 자신이 정한 규칙에 따라 물체, 무늬, 수 등 배열하기
6	덧셈과 뺄셈(3)	- (몇십몇)+(몇), (몇십)+(몇십), (몇십몇)+(몇십몇)과 같은 받아올림이 없는 두 자릿수의 덧셈 - (몇십몇)-(몇), (몇십)-(몇십), (몇십몇)-(몇십몇)과 같은 받아내림이 없는 두 자릿수의 뺄셈

2학기 수학은 '100까지의 수' 단원을 통해 아이들이 다룰 수 있는 수 범위를 넓히며 시작됩니다. 십진법을 연습해 나가는 단계이기 때문

에 1학기 '50까지의 수'에 이어서 10씩 묶음이 몇 개인지, 낱개는 몇 개인지 구분하며 세는 활동이 계속 나옵니다. 또한 100까지의 수 범위 내에서 순서를 알고 서로 비교합니다. 짝수와 홀수의 개념도 함께 다룹니다.

1학년 시기에 배울 수의 범위를 모두 배우면, 그다음부터는 덧셈과 뺄셈을 배웁니다. 2학기 수학 여섯 개의 단원 중 절반인 세 개의 단원이 덧셈과 뺄셈을 다루고 있습니다. 책 절반이 하나의 주제를 가르치고 있는 것은 덧셈과 뺄셈이라는 목표를 위해 아이들이 천천히 다가갈 수 있도록 내용을 계단식으로 구성했기 때문입니다. 워낙 긴 내용이다 보니 아이들이 지루하게 느끼지 않도록 3단원 '모양과 시각', 5단원 '규칙 찾기'를 사이사이에 넣어 둔 셈입니다.

'덧셈과 뺄셈(1)' 단원에서는 받아올림이나 받아내림이 있는 계산에 대비해 10이 되는 더하기, 10에서 빼기를 연습합니다. 또 (십)+(몇)=(십몇)을 계산하고, 더해서 10이 되는 두 수를 이용한 세 수의 계산을 합니다.

'모양과 시각' 단원에서는 평면도형인 원, 사각형, 삼각형을 다룹니다. 생활 곳곳에서 평면도형을 발견하고 평면도형별 특징들을 정리합니다. 보통 도형의 특징을 이야기할 때는 꼭짓점, 점, 선, 면 등이 언급됩니다. 그렇지만 1학년 시기이기에 꼭짓점, 점, 선, 면 등의 직접적인 수학적 용어는 다루지 않고, 꼭짓점을 뾰족한 부분으로, 선을 반듯한 부분으로 나타내며 이해하기 쉽게 표현하고 있습니다.

1학년 아이들과 시침과 분침으로 이루어진 아날로그 시계를 보고 시각 읽는 방법을 배웁니다. 분을 세세하게 나누지 않고, 몇 시와 몇 시 30분만 보고 읽고 구분할 수 있도록 가르칩니다. 더 자세한 시계 보기는 2학년 교육과정에서 배웁니다.

'덧셈과 뺄셈(2)' 단원은 아이들이 가장 어려워하는 연산이 나옵니다. 받아올림이 있는 덧셈과 받아내림이 있는 뺄셈이 나오기 때문이죠. (몇)+(몇)=(십몇), (십몇)-(몇)=(몇)으로 다루는 숫자는 작지만 어려워하는 아이들이 꽤 많습니다. 부모 교육을 갈 때 항상 강조하는 부분으로, 아이가 만나는 최초의 수학 위기가 될 거라고 이야기합니다. 이 최초의 위기인 받아올림이 있는 덧셈과 받아내림이 있는 뺄셈은 머릿속에서 두 수를 모아 10을 만들고 또 10을 둘로 가르기 하는 과정이 자연스럽게 진행되어야 어렵지 않게 할 수 있습니다.

만약 이 단원을 어려워한다면 '덧셈과 뺄셈(1)' 단원에서 연습했던 10이 되는 더하기와 10에서 빼기 연습을 다시 반복적으로 해 보세요. 또 바둑돌 등 물건들을 활용하면 (몇)+(몇)=(십몇), (십몇)-(몇)=(몇)의 과정을 아이가 눈으로 보며 이해할 수 있어 도움이 됩니다.

'규칙 찾기' 단원은 아이들이 그림, 색깔, 모양, 수 등 여러 배열표에서 규칙을 찾고 그것을 말로 표현하는 방법을 가르칩니다. 또 반대로 아이들이 일정한 규칙을 스스로 정하고 그 규칙에 따라 배열표는 만들 수 있게 합니다.

마지막 '덧셈과 뺄셈(3)' 단원에서 아이들은 두 자릿수끼리의 덧셈과 뺄셈까지 배우게 됩니다. 가장 큰 수끼리의 덧셈과 뺄셈이지만 아이들은 오히려 마지막 단원을 그리 어려워하지 않습니다. 수는 크지만 아이들이 가장 어려워하는 받아올림과 받아내림이 없는 덧셈과 뺄셈을 다루기 때문입니다.

아이들이 만약 이 단원을 어려워한다면, 세로셈이나 가로셈 등 형식에 따라 덧셈과 뺄셈을 하는 연습이 부족하기 때문에 그럴 수 있습니다. 교실에서 살펴보면, 많은 아이들이 일의 자리 숫자와 십의 자리 숫자가 한눈에 구분되는 세로셈보다 잘 구분되지 않는 가로셈을 더 어려워합니다. 세로셈, 가로셈이 있는 연산 문제를 몇 장 푸는 것만으로도 형식에 구애받지 않고 능숙하게 계산할 수 있을 겁니다.

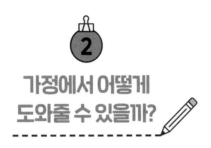

가정에서 어떻게 도와줄 수 있을까?

⚬ 하루에 한두 장씩 꾸준히 문제집 풀기

수학은 개념 간의 계열성이 뚜렷한 과목입니다. 1학년 때 배운 수학 내용을 바탕으로 2학년의 수학 개념을 이해하고, 2학년 수학으로 3학년 수학 개념을 이해하고 새로 익힙니다. 계단식으로 수 개념을 쌓아 나간다는 뜻인데요. 다시 말해, 이전 학년에서 수 개념이 잘못 쌓이거나 잘 이해하지 못했다면 다음 학년에서 새로운 수학 개념을 배울 때 고생한다는 이야기입니다.

고등학교 때까지 쭉 이어지는 수학 학습의 그 시작점이 바로 초등학교 1학년입니다. 수학을 처음 시작하는 초등학교 1학년 때부터 수학의 기초를 튼튼하게 잘 쌓아 주면 아이들에게 큰 도움이 됩니다.

수학의 기초를 튼튼하게 잘 쌓아 주기 위해 가정에서 아이와 함께할 수 있는 가장 좋은 방법은 아이 수준에 맞는 수학 문제집을 매일 한두 장씩 꾸준히 푸는 것입니다. 한 학기에 수학 문제집을 한 권 다 푼다고 계획하고 매일 풀 양을 정하면 됩니다.

이렇게 수학 문제집을 꾸준하게 풀면 아이가 매일 적은 양의 수학 문제를 다루면서 그 전에 배웠던 수학 개념을 잊지 않고 문제 해결에 적용할 수 있습니다. 또 1학년 시기에는 덧셈과 뺄셈 같은 연산이 상당히 중요합니다. 매일 조금씩 연습하다 보면 연산 문제를 능숙하게 풀 수 있게 됩니다.

연산 능력이 잘 자리 잡으면, 그 이후에 문장으로 표현된 서술형 문제나 창의 수학 등 한 발 더 나아가 생각해 볼 수 있는 여지가 생깁니다. 반대로 말하면, 연산이 막히면 창의력이나 이해력을 바탕으로 풀 수 있는 사고력 문제에서 연산하기에 급급해 생각하기가 어려워집니다. 한글을 잘 모르는 아이에게 글에서 글쓴이의 의도를 찾아보라고 하는 것과 비슷합니다.

매일매일 적은 양으로 아이의 기초 수학 실력을 탄탄하게 다져 주는 것이 좋습니다.

수학 문제집 고르는 TIP

아이와 함께 문제집 한 권을 직접 골라 보는 것을 추천합니다. 초등학교 1학년은 중고등학생들처럼 자신의 수준대로 문제집을 고를 능력이 없으니, 부모님이 두세 가지 문제집을 먼저 선별한 다음 아이에게 선택권을 주세요. 아이들이 좋아하는 캐릭터가 그려진 수학 문제집도 시중에 많이 나와 있습니다.

수학 전체 단원을 모두 아우르는 일반 수학 문제집이나 수학 중 연산 부분만 담은 연산 문제집 모두 좋습니다. 또 문제집 두께가 얇아야 아이도 한 권을 끝냈다는 성취감을 쉽게 느낄 수 있으니 아이와 함께 직접 서점에 가서 적당한 두께의 문제집으로 골라 보는 것을 추천합니다.

수학 문제집을 어떻게 풀면 좋을까요?

수학 문제집을 가정에서 함께 풀 때는 일정한 시간에 일정한 양을 푸는 것이 핵심입니다. 아침잠이 없는 아이라면 아침에 학교 가기 전에, 학교에서 돌아와서 바로, 저녁 먹고 나서 등 일정한 시간대를 정합니다. 가정마다 상황이 다르고 아이의 성격이나 기질도 다르니 시간대나 양은 부모님과 아이가 상의해서 정해 보세요. 이때 중요한 건 수학 문제집을 결국 푸는 건 아이이기 때문에, 아이에게 언제, 얼마나 푸는게 좋을지 꼭 의견을 주고받으며 정하는 것입니다. 부모님이 아니라 아이가 지킬 규칙이기에 아이의 의견을 반영해야 앞으로 원활하게 매일 꾸준히 할 수 있습니다.

쉬는 날 정하기

매일 푸는 문제집이기 때문에, 쉴 때는 확실히 쉬어야 합니다. 예를 들면 평일 5일 내내 문제를 푼다면 주말에는 쉬게 하는 것이죠. 또 가족여행 등 휴가 때도 휴식이 필요합니다. 아이들에게 꾸준함을 가르친다면 쉴 때는 확실히 쉬어야 한다는 것도 함께 꼭 가르쳐 주세요. 그래야 아이도 아플 때, 도저히 할 수 없을 때만 쉬는 게 아니라 컨디션을 조절해 가며 주기적으로 쉬어야 할 때 쉴 수 있는 어른으로 성장할 수 있습니다.

⢀ 창의 수학, 사고력 수학은 어른과 함께 고민하며 풀기

아이의 창의력과 사고력을 길러 주기 위해서 창의 수학이나 사고력 수학 문제를 풀게 도와주는 경우가 있습니다. 이런 문제들은 일단 아이가 한글을 유창하게 읽을 수 있을 때 시작해야 하죠. 창의력과 사고력 문제를 풀기 위해서는 먼저 아이가 문제의 뜻과 의도를 파악할 수 있어야 하는데, 한글 해득이 온전히 되지 않은 상태에서 시작하게 되면 그 과정이 과한 스트레스로 다가올 수 있습니다. 너무 이르게 시작했다가 창의 수학과 사고력 수학 문제에 거부감을 느낄 수 있다는 이야기입니다. 한글 해득이 다 되었다 하더라도 초등학교 저학년 시기에는 창의 수학 문제의 경우 어른이 옆에서 읽어 주면서 아이와 대화를 나누고 고민하며 같이 풀어 보는 게 바람직합니다. 창의성과 사고력은 선천적이고 기발한 재능에서 나오는 것이 아니라 경험에서 나옵니다. 관점 다르게 하기, 거꾸로 하기, 생략하기 등 창의성 기법을 활용하는 모습을 부모님이 보여 주며 경험을 쌓게 해 주면 아이가 관찰한 그 방법을 모방하여 활용할 수 있습니다.

수학 학습력을 높이는 교구 및 보드게임 추천

연결큐브	

연결큐브는 수학 학습에도 유용하게 사용할 수 있는 교구입니다. 주로 100까지의 수를 익히는 초등학교 1학년에서 가장 많이 활용합니다. 십몇, 몇십, 몇십 몇 등 100까지의 수를 연결큐브로 표현하며 보이지 않는 숫자를 눈으로 직접 확인할 수 있습니다. 덧셈과 뺄셈을 이해하기 어려워할 때, 연결큐브를 사용해서 눈으로 직접 확인하며 풀면 좀 더 쉽게 배울 수 있습니다.

할리갈리	

가장 유명하고 재미있는 보드게임의 하나로, 1학년에게는 수학적 면에서도 큰 도움이 됩니다. 할리갈리는 동시에 나온 카드들 중 같은 종류의 과일 개수 합이 5일 때, 먼저 종을 치는 사람이 이기는 게임입니다. 이를 위해서는 한 자릿수의 숫자끼리 빠르게 계산할 수 있어야 합니다.

1학년 아이들은 받아올림이 없는 한 자릿수 덧셈을 알고 학교에 들어오는 경우가 많지만, 게임에서 이길 정도로 빠르게 계산할 줄 아는 아이는 많지 않습니다. 할리갈리 게임을 통해 머릿속으로 숫자를 빠르게 다루는 연습을 할 수 있어 아이의 수학 실력 향상에 도움이 됩니다.

다빈치 코드	

차례대로 숫자가 적힌 흑백의 타일을 가져와서 숫자를 순서대로 정렬한 뒤에, 다른 사람의 타일 속 숫자를 맞히는 보드게임입니다. 아이는 이 게임을 통해 숫자의 순서를 배울 수 있고, 일정한 규칙에 따라 정렬하고 이 규칙을 적용해 다른 사람의 숫자도 짐작해 볼 수 있습니다. 1학년 아이와 함께 이 놀이를 할 때는 되도록 가장 적은 두 명부터 시작하는 것을 추천합니다. 그리고 이 게임은 1학년 1학기에는 좀 어려워할 수 있으니, 수 다루기에 다소 익숙해지는 1학년 2학기쯤 가족끼리 해 보기를 추천합니다.

로보77	

게임을 하는 사람들끼리 번갈아 가며 내는 카드의 숫자를 덧셈, 뺄셈하는 놀이로, 77을 부르는 사람이 지는 놀이입니다. 연산을 충분히 잘하는 아이라면, 아이와 함께 보드게임으로 배운 연산을 종이에 쓰지 않고 계산하는 연습을 하는 것도 추천합니다. 아이가 훨씬 재미있게 연산 연습을 할 수 있습니다.

만약 아이가 연산을 암산으로 하기 어려워한다면, 종이에 써 보며 계산하거나 계산기를 이용할 수 있게 해 주세요. 단순 계산이나 암산보다 숫자를 다뤄 보는 것이 중요합니다. 아이는 놀이를 하며 연산뿐 아니라 77에 가까워지지 않게 더하기 빼기를 전략적으로 사용해야 합니다. 그러니 아이가 계산을 너무 어려워하면 휴대폰 계산기를 이용하여 놀이를 해도 괜찮습니다.

이 게임도 1학년 1학기에는 너무 어렵습니다. 1학년 2학기 말에 아이의 연산을 함께 도와주며 놀이를 하면 더 재미있게 즐길 수 있답니다.

PART 3

통합교과

통합교과는 무엇일까?

"선생님, 1학년들은 체육은 안 배우나요?"

예비 학부모님들에게 자주 듣는 질문입니다. 1학년이 배우는 교과를 살펴보면 '체육'이라는 교과가 없거든요. 부모님 입장에서는 활동적인 1학년 아이들이 좀 더 많이 움직이고 활동하기를 바라는 마음으로 질문하는 것이죠.

답부터 먼저 하면, 1학년 때도 체육을 배웁니다. 부모님들이 많은 관심을 가지는 체육 과목이 속한 교과가 '통합교과'입니다. 국어와 수학은 익히 알고 있는 교과로 내용을 짐작할 수 있지만 통합교과는 도무지 무엇을 배우는지 콕 집어서 알기 어렵습니다.

통합교과는 바른 생활, 슬기로운 생활, 즐거운 생활을 아울러서 부르는 교과 이름입니다. 사회, 도덕, 과학, 실과, 음악, 미술, 체육 등 다양한 교과의 학습 내용을 저학년 아이들의 특성에 맞게 주제에 맞게 통합하여 가르칩니다. 통합교과의 바른 생활, 슬기로운 생활, 즐거운 생활은 무엇을 배우는 과목일까요?

바른 생활은 도덕과 사회 교과의 일부가 통합된 과목입니다. 초등학교 1~2학년은 규칙과 규율을 지키는 것으로 도덕성이 발달하는 시기입니다. 사회에서 다들 지키고 있는 규칙이 무엇인지, 왜 지켜야 하는지 자세히 알려 주는 것이 필요한 시기이기에 학교 친구들이나 이웃들과 함께 지내면서 지켜야 하는 예절과 규칙을 배웁니다.

슬기로운 생활은 일반 사회와 과학 교과가 통합된 과목입니다. 날씨나 계절 등 주변 현상들을 관찰하고 규칙을 발견합니다. 가족, 이웃, 우리나라 등 주변을 탐색하며 그 특징과 사회현상들을 배웁니다.

즐거운 생활은 미술, 음악, 체육이 통합된 교과입니다. 학교, 사람들, 상상 등 다양한 주제에 어울리는 미술, 음악, 체육 활동을 통합하여 수업합니다. 미술에서는 주제에 맞는 여러 만들기와 그리기 등을 하고, 음악 활동으로는 노래 부르기, 기악 합주, 소고 치기 등을 합니다. 체육 활동으로는 주로 놀이를 하지요.

즐거운 생활에서 축구, 피구 등의 종목 스포츠는 직접 배우지 않습니다. 그 대신 체육의 큰 영역인 운동, 스포츠, 표현 영역을 앞서 언급한 '놀이'의 형태로 모두 다룹니다. 예를 들면 전래놀이인 '달팽이놀이'

를 하면서 스포츠 영역의 '경쟁'과 '전략'을 배웁니다. 또 생물 흉내 내기 등을 통해 체육의 '표현' 영역을 배웁니다.

　요즘 충분히 놀아야 하는 1~2학년 아이들에게 활동이 부족하다는 지적에 교육부가 공감하고 있기에 최근 적용된 2022 개정 교육과정부터 아이들의 놀이 시간이 많이 늘었습니다.

지난 교육과정에 비해 저학년 아이들이 움직이며 놀이 하는 신체 놀이 수업 시간이 80시간에서 144시간으로 늘어났습니다. 거의 두 배에 가깝게 수업 시간이 는 것인데요. 그동안 1학년을 오래 가르쳐 왔지만, 확실히 이번 2022 개정 교육과정부터 아이들과 놀이 하고 움직이는 활동이 많아졌다는 것을 체감하고 있습니다.

무엇을 배울까?

바른 생활, 슬기로운 생활, 즐거운 생활. 이 세 가지 교과를 통합한 통합교과는 주제별로 내용을 엮어서 가르칩니다. 2022 개정 교육과정의 1학년 통합교과 주제는 한 학기당 두 개씩으로 총 여덟 개입니다.

학기	주제
1학기	학교, 사람들, 우리나라, 탐험
2학기	하루, 약속, 상상, 이야기

이 여덟 개의 주제로 한 권씩 교과서가 만들어집니다.

1학년 통합교과 교과서는 학교, 사람들, 우리나라, 탐험 등 주제의 이름을 그대로 따와서 이름을 지었습니다. 주제의 이름만 보면 어떤 것을 배우는지 알쏭달쏭합니다. 특히 탐험이나 하루, 상상, 이야기 주제가 구체적으로 뭘 배우는지 잘 연상이 되지 않죠. 주제별로 무엇을 배우게 될까요?

	주제(교과서명)	단원 학습 내용
1학기	학교	- 초등학생으로서 안전에 유의하며 건강하고 즐겁게 생활하기
	사람들	- 가족, 이웃 등 주변 사람들에게 관심을 갖고 배려하고 소통하며 살아가기
	우리나라	- 한국인으로서 우리나라를 탐구하고 우리나라의 문화 예술을 즐기기
	탐험	- 우주, 바닷속, 땅속, 디지털 세상 등 새로운 것에 호기심을 갖고 도전하며 살아가기

『학교』 교과서에는 1학년 아이들이 처음 학교에 들어와 잘 적응할 수 있도록 돕는 학습 내용이 많습니다. 학교 시설 사용 방법을 알고 학교 안의 사람들, 친구들과 함께 지내기 위해 지켜야 하는 것들을 배웁니다. 학교를 주제로 한 만들기, 그림 그리기 등 미술 활동도 하고 친구들과 가까워지기 위한 친교 놀이도 합니다. 같이 어우러져서 놀이도 하고 학교에서 지켜야 할 생활 안전 규칙들도 배웁니다.

『사람들』 교과서에서는 아이들의 주변 사람들인 가족과 이웃들에 대해 탐색하는 학습 내용이 주로 이어집니다. 가족 행사표 만들기, 가족 그리기, 가족 노래 부르기 활동과 더불어 이웃들을 찾아보고 감사한 이웃에게 마음을 표현합니다. 반대로 내가 이웃에게 줄 수 있는 도움을 찾아보기도 합니다.

『우리나라』 교과서는 우리나라의 상징과 문화 예술을 알아보는 학습 내용을 주로 다룹니다. 애국가, 무궁화, 태극기 등 우리나라의 상징을 알고 이 세 가지 상징들을 주제로 색칠하기, 만들기, 노래 부르기, 소고 치기, 기악 합주를 합니다. 남북한의 분단과 통일에 대한 이야기도 짧게 다룹니다.

『탐험』 교과서에서는 아이들의 호기심을 자극할 수 있는 여러 세상을 상상하고 탐색해 보는 학습 내용이 나옵니다. 우주, 바닷속, 땅속, 가상 세상 등 아이들이 상상할 수 있는 세상을 정하고 그 세상의 장소, 생명체, 소리, 물건 등을 표현하는 활동을 합니다. 또 실제 탐험가로는 어떤 인물이 있는지 알아보고 탐험에 필요한 옷과 탐험선도 만들어 보며 상상의 나래를 펼칩니다.

	주제	단원 학습 내용
2학기	하루	- 건강하고 활기차게 하루를 살아가며 지금을 소중히 여기기
	약속	- 지속 가능한 미래를 위한 환경 사례를 찾고 실천하기
	상상	- 창의적인 생각을 할 수 있는 여러 기법을 실행해 보고 상상한 것을 다양한 매체로 재현, 변형, 재창조하는 경험해 보기
	이야기	- 주제를 정하여 친구들과 협력적으로 전시나 공연 활동 하기

『하루』 교과서는 하루 동안 아이들의 생활 방식을 주로 다룹니다. 아침에 눈을 떠서 잠을 자기 전까지의 식생활 전반을 돌아봅니다. 자신의 하루 중 최고의 순간은 언제인지, 또 인상 깊었던 일은 무엇인지, 내 마음은 하루 동안 어땠는지 돌아보는 활동을 합니다.

『약속』 교과서에서는 지속 가능성을 위한 환경 교육 내용이 주로 다뤄집니다. 환경오염과 멸종 위기 동물들을 알아보며 환경을 위한 약속이 왜 필요한지 생각해 보고 에너지 절약을 위한 규칙, 재활용, 음식물 쓰레기와 일회용품 사용 줄이기를 실천합니다. 걸으면서 쓰레기를 줍는 플로깅 등 환경을 위한 활동을 직접 해 봅니다. 이 단원에서는 재활용품을 활용한 작품을 다양하게 만듭니다.

『상상』 교과서에서는 창의성의 다양한 기법을 연습하고 실제로 구현할 수 있게 돕는 수업 내용이 이어집니다. 하나의 물건을 다른 곳에서 관찰하기, 평면도형이 살아날 때 일어날 일을 표현하며 현실의 경계 넘기, 노래를 선과 그림으로 다르게 표현하기, 상상의 동물이나 깜짝 놀랄 물건을 자유롭게 생각하기와 같은 활동들을 합니다. 또 태블릿PC를 활용하여 작곡을 해 보고 3D렌즈를 활용해 공룡을 소환합니다.

『이야기』 교과서에는 1학년 시기를 마무리하고 친구들과 함께 협력해서 전시회, 공연 등을 준비하는 수업 내용이 나옵니다. 1년 동안 인상 깊었던 일을 발표하며 표현하고, 그동안 함께 공부한 서로를 칭찬해 줍니다. 또 긴 호흡으로 인형극, 전시회, 춤, 노래 공연을 준비하고 발표합니다.

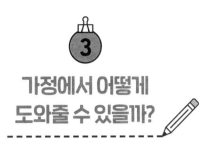

가정에서 어떻게
도와줄 수 있을까?

⚇ 활동하기 편한 복장 준비하기

1학년 아이들은 학교에서 활동하기에 편한 복장으로 올 수 있게 도와주세요. 1학년의 통합교과에는 놀이 활동이 많습니다. 보통 일주일에 두 번씩 교과서 속 놀이 활동을 하며, 그 밖에 교실 안에서도 의자에서 일어나 움직이는 활동이 다양하게 이루어집니다.

대부분의 아이들은 편한 복장으로 학교를 다닙니다. 그러나 아이들의 취향이 다양하다 보니, 짧은 치마나 뛰기에 불편한 구두를 신고 오기도 합니다. 이런 경우 아무래도 활달하게 활동하기 어렵겠지요. 슬리퍼를 신고 오면 신발에 흙이 들어가니 아이가 운동장에서 뛰는 것을 불편해합니다.

저학년 아이들은 되도록 뛰기 편한 옷과 운동화 차림으로 학교에 오는 것이 좋습니다.

많은 배경지식 쌓기

초등학교 저학년 시기에는 사회현상과 과학현상을 기초적인 수준으로 관찰하고 조사하여 익히게 됩니다. 초등학교 3학년 때부터 본격적으로 교과별로 익힐 지식과 기능을 위한 배경지식을 쌓는 것이죠. 이 시기에 가정에서는 아이들이 다양한 배경지식을 쌓을 수 있도록 돕는 게 필요합니다. 가정에서 쉽게 배경지식을 쌓을 수 있는 두 가지 방법을 소개해 드립니다.

아이의 질문을 함께 탐색하기

사회와 과학에 대한 배경지식은 부모님이 주변에서 관찰할 수 있는 것들에 대해 아이에게 진지한 자세로 설명해 주는 것으로도 쉽게 쌓을 수 있습니다. 아이들이 종종 복잡한 질문을 할 때가 있습니다. 주로 '왜?'라는 질문이죠. '그림자는 왜 생기는 거야?' '북한은 왜 미사일을 쏘는 거야?'와 같이 자신이 관찰하고 보고 들은 내용에 대해 문득 의문을 느끼는 것입니다.

이럴 때 부모님이 대답을 뭉뚱그리지 않고 최대한 아이 눈높이에서 쉽고 자세하게 설명해 주면 아이는 그때의 대답을 생각보다 깊이 간직

합니다. 또 유튜브, 포털사이트 등 여러 매체에 영상과 사진으로 쉽게 설명되어 있습니다. 다양한 매체에서 검색하여 아이의 궁금증을 해결해 보는 경험을 몇 차례 함께 하면, 아이는 혼자 있을 때도 스스로 답을 찾아볼 겁니다.

학습 만화 활용하기

부모님들에게 종종 "아이가 학습 만화를 많이 읽는데 괜찮은지 모르겠어요"라는 이야기를 듣습니다. 아이 독서 습관에 학습 만화가 좋지 않은 영향을 끼칠까 봐 걱정되는 것이죠. 물론 그림책이나 글로만 이루어진 책으로 아이가 다양한 배경지식을 쌓는 것이 가장 좋습니다. 그렇지만 아이들이 그림책, 활자 책만 보기에는 아직 읽기 유창성이 높지 않습니다. 또 요즘 시중에 나오는 학습 만화를 보면 그 안에 들어 있는 지식 수준이 꽤 깊고 넓다는 걸 알 수 있습니다.

이런 점을 고려하면, 학습 만화 읽기는 초등학교 1학년 아이의 흥미와 수준에 맞게 다양한 분야의 배경지식을 쌓을 수 있는 좋은 방법입니다. 학습 만화를 통해서 삼국지, 그리스 로마 신화, 전래동화, 세계명작동화 등 다양한 문학작품을 읽을 수 있고, 다양한 사회·과학현상을 쉽게 이해할 수 있습니다. 이러한 풍부한 배경지식은 아이의 마음속에 자리 잡아 여러 텍스트를 접할 때 이해의 도구가 되어 줍니다.

독서 교육의 관점에서 보더라도 만화 말풍선 안의 글의 양이 생각보다 꽤 많습니다. 아이가 말풍선 안의 글자를 빠르게 읽으며 읽기 유창성도 높일 수 있습니다. 아이가 책에 대해 긍정적이고 즐거운 경험을 쌓는 것도 중요합니다. 학습 만화만 읽는 것이 아니라면 양질의 학습 만화를 접할 수 있게 도와주세요.

📚 통합교과 교과서 수록 및 연계도서 목록 추천

1학년 1학기 수록 및 연계도서

주제	순서	책 제목	글쓴이	출판사
학교	1	입학을 축하합니다	김경희	책먹는아이
	2	괜찮아, 우리 모두 처음이야!	이주희	개암나무
	3	딴생각 하지 말고 귀 기울여 들어요	서보현	상상스쿨
	4	일곱 살 처음 하기 사전	정명숙	제제의 숲
	5	학용품의 쉬는 시간	쓰치하시 다타시	킨더랜드
	6	얼음땡	문명예	시공주니어
	7	얼음 땡!	강풀	웅진주니어
	8	짝꿍	박정섭	위즈덤하우스
	9	짝꿍 바꿔 주세요!	다케다 미호	웅진주니어
	10	세상에서 가장 무서운 내 짝꿍	이용경	비룡소
	11	짝꿍	박혜숙	을파소
	12	친구는 좋아!	크리스 라쉬카	다산기획
	13	가시소년	권자경	천개의바람
	14	내 말을 전해 줘!	메릴린 새들러	키즈엠
	15	가만히 들어주었어	코리 도어펠드	북뱅크
	16	내 말 좀 들어 주세요, 제발	하인츠 야니쉬	상상스쿨
	17	거북이 배운 경청 목자의 경청	이영숙	좋은나무성품학교
	18	도서관	사라 스튜어트	시공주니어
	19	바람숲 도서관	최지혜	책읽는곰
	20	책 먹는 여우	프란치스카 비어만	주니어김영사
	21	도서관에 간 사자	미셸 누드슨	웅진주니어
	22	난 학교 가기 싫어	로렌 차일드	국민서관
	23	다다다 다른 별 학교	윤진현	천개의바람
	24	학교 처음 가는 날	김하루	국민서관
	25	학교에 꼭 가야 해?	마띠유 드 로비에	푸른숲주니어

학교	26	미세미세한 맛 플라수프	김지형	두마리토끼책
	27	상자 세상	윤여림	천개의바람
사람들	1	인사를 나눠드립니다	이한재	킨더랜드
	2	세상엔 좋은 사람들이 많단다	마이클 리애나	보물창고
	3	쫌 이상한 사람들	미켈 탕코	문학동네
	4	세상에 필요한 건 너의 모습 그대로	조안나 게인즈	템북
	5	진짜 동생	제랄드 스테르	바람의아이들
	6	두더지의 고민	김상근	사계절
	7	고민 식당	이주희	한림출판사
	8	걱정이 너무 많아	김영진	길벗어린이
	9	고민 책방	이주희	한림출판사
	10	그 녀석, 걱정	안단테	우주나무
	11	걱정 상자	조미자	봄개울
	12	겁쟁이 빌리	앤서니 브라운	비룡소
	13	고민버거와 나의 자전거	문정희	아주좋은날
	14	모두 모두 안녕하세요!	홍선주	꼬마이실
	15	좋은 날엔 꿀떡	김바다	책고래출판사
	16	행복을 선물해요: 친절	안젤라 발세키	라임
	17	10층 큰 나무 아파트	부시카 에츠코	아이세움
	18	친구랑 함께한 하루	필립 베히터	시금치
	19	나를 봐	최민지	창비
	20	누구에게나 재능은 있어요!	루크 드울프	주니어김영사
	21	잘하는 게 서로 달라	일로나 라머르팅크	좋은꿈
	22	토리의 수상한 가방	채정택	토리아트
우리나라	1	사계절 목욕탕	김효정	웅진주니어
	2	봄 여름 가을 겨울	꼼은영	한림출판사
	3	우리 순이 어디 가니	윤구병	보리
	4	벚꽃 팝콘	백유연	웅진주니어
	5	수박 수영장	안녕달	창비
	6	낙엽 스낵	백유연	웅진주니어
	7	가을에는 모두 바쁜가 봐	줄리아나 그레고리	에듀앤테크

	8	엄청난 눈	박현민	달그림
	9	태극기 다는 날	김용란	한솔수북
	10	안녕, 태극기	박윤규	푸른숲주니어
	11	무궁화꽃이 피었습니다	천미진	키즈엠
	12	떡국의 마음	천미진	발견(키즈엠)
	13	우리나라 음식 여행	김인혜	사계절
	14	김치 특공대	최재숙	책읽는곰
	15	수상한 김치 똥	김자연	살림어린이
	16	된장찌개	천미진	키즈엠
우리 나라	17	산골짜기 연이네 비빔밥	천미진	키즈엠
	18	하늘에서 음식이 내린다면	쥬대 바레트	토토북
	19	무얼 하고 놀지?	최윤정	여원미디어
	20	천년의 노래 아리랑	오주영	상수리
	21	아리랑	박윤규	푸른숲주니어
	22	우리나라를 소개합니다	표시정	키다리
	23	우리나라가 100명의 마을이라면	배성호	푸른숲주니어
	24	내가 도와줄게!	수목	사파리
	25	야호, 우리가 해냈어!	엄혜숙	주니어김영사
	26	여우 씨의 새 집 만들기	정진호	위즈덤하우스
	27	커다란 순무	김영미	하루놀
	28	세 투덜이	존 켈리	에듀앤테크
탐험	1	우주 다녀오겠습니다	장선환	딸기책방
	2	무~엇?	마루탄	뜨인돌어린이
	3	누~구?	마루탄	뜨인돌어린이
	4	이게 정말 사과일까?	요시타케 신스케	주니어김영사
	5	구름 공항	데이비드 위즈너	시공주니어
	6	달 체험학습 가는 날	존 헤어	행복한그림책
	7	캡틴 쿠스토	제니퍼 번	문학동네
	8	너는 탐험가야	샤르쟈드 샤르여디	꼬마이실
	9	남극과 북극을 정복한 위대한 탐험가 아문센	박상재	효리원
	10	탐험가의 시계	임제다	한겨레아이들

	11	바다 생물	위트 퓌르	삼성당아이
	12	사사사삭 땅속으로 들어가 봐	김순한	대교북스주니어
	13	기린과 바다	박영주	아띠봄
	14	외계인 친구 도감	노부미	위즈덤하우스
	15	색을 상상해 볼래?	디토리	북극곰
	16	바로 너야	레지나	글로연
	17	여름이 온다	이수지	비룡소
	18	고래 빙수	문채빈	미래엔아이세움
	19	여름맛	천미진	발견
탐험	20	여름빛	문지나	사계절
	21	새빨간 질투	조시온	노란상상
	22	멋진, 기막히게 멋진 여행	마티스 더 레이우	그림책공작소
	23	다시 빨강 책 끝없는 여행	바바라 리만	북극곰
	24	미로 비행	알렉산드라 아르티모프스카	보림
	25	빛을 찾아서	박현민	달그림
	26	고래를 삼킨 바다 쓰레기	유다정	와이즈만BOOKs
	27	바다체험 학습 가는 날	존 헤어	행복한그림책
	28	괴물들이 사는 나라	모리스 샌닥	시공주니어
	29	터널	앤서니 브라운	논장

1학년 2학기 수록 및 연계도서

주제	순서	책 제목	글쓴이	출판사
하루	1	날마다 멋진 하루	신시아 라일런트	초록개구리
	2	쿵쿵이의 대단한 습관 이야기	허은미	풀빛
	3	나쁜 씨앗	조리 존	길벗어린이
	4	이 직업의 하루가 궁금해요	이랑	더숲
	5	다 같이 돌자 직업 한 바퀴	이명랑	주니어김영사
	6	오늘 하루 이렇게!	손인화	더큰
	7	너의 하루가 궁금해	리처드 존스	웅진주니어
약속	1	나랑 같이 놀자	김희영	논장
	2	어린이의 권리를 선언합니다!	반나 체르체나	봄볕
	3	우리는 어린이예요	윤미경	국민서관
	4	놀면서 배우는 어린이 인권 수업	이자벨 필리오자, 프랑스 마리 페로	휴먼어린이
	5	달샤베트	백희나	책읽는곰
	6	지구를 위한 한 시간	박주연	한솔수북
	7	지구는 내가 지킬 거야!	존 버닝햄	비룡소
	8	앗, 깜깜해!	존 로코	다림
	9	우리집 전기 도둑	임덕연	미래엔아이세움
	10	에너지를 뚝딱뚝딱 해돋이 마을	이은주	숨쉬는책공장
	11	불을 꺼 주세요	마샤 다이앤 아널드	푸른숲주니어
	12	내가 지구를 사랑하는 방법	토드 파	고래이야기
	13	미래를 위한 따뜻한 실천, 업사이클링	박선희	팜파스
	14	쓰레기는 쓰레기가 아니다	게르다 라이트	위즈덤하우스
	15	나도 쓰레기를 줄일 수 있어요!	박윤재	까불이
	16	지구환경 탐구생활	엘린 켈지	다산기획
	17	환경을 지키는 지속 가능한 패션 이야기	박선희	팜파스
	18	우리집 미세 플라스틱 주의보	태미라	위즈덤하우스
	19	착한 옷을 입어요	방미진	위즈덤하우스
	20	미세 플라스틱 수사대	유영진	좋은꿈
	21	콩콩이는 몰랐던 이상한 편견 이야기	허은실	풀빛
	22	그래서 모든 게 달라졌어요	올리버 제퍼스	주니어김영사

	23	너는 특별하단다	맥스 루케이도	고슴도치
약속	24	네가 있어 난 행복해!	로렌츠 파울리	비룡소
	25	배려하면서도 할 말은 하는 친구가 되고 싶어	김시윤	파스텔하우스
	26	다정한 말, 단단한 말	고정욱	우리학교
	27	진짜 친구는 나를 불편하게 하지 않아	제시카 스피어	픽
	28	존중 씨는 따뜻해!	김성은	책읽는곰
상상	1	나랑 같이 놀자	김희영	논장
	2	킁킁 무슨 냄새일까?	리즈벳 슬래거스	사파리
	3	상자 세상	윤여림	천개의바람
	4	이건 상자가 아니야	앙트아네트 포티스	베틀북
	5	안녕? 종이 상자야	수잰 퍼시	키즈엠
	6	모양들의 여행	크라우디아 루에다	담푸스
	7	행복한 네모 이야기	마이클 홀	상상박스
	8	네모 나라 세모 나라 동그라미 나라	프란체스코 토누치	키즈엠
	9	세모	맥 바넷	시공주니어
	10	아름다운 모양	한태희	한림출판사
	11	자꾸자꾸 모양이 달라지네	팻 허친즈	보물창고
	12	선물이 왔어요	앨런 베이커	베틀북
	13	여름이 온다	이수지	비룡소
	14	민들레는 민들레!	김장성	이야기꽃
	15	아무도 듣지 않는 바이올린	캐시 스틴슨	책과콩나무
	16	위를 봐요!	정진호	현암주니어
	17	반이나 차 있을까 반밖에 없을까?	이보나 흐미엘레프스카	논장
	18	노란 우산	류재수	보림
	19	사탕	차재혁	노란상상
	20	눈	박웅현	비룡소
	21	불가사리를 기억해	유영소	사계절
	22	비눗방울을 타고	이정모	BesideStory
	23	동그라미 세상이야	히야시 기린	위즈덤하우스
	24	커다란 포옹	제롬 뤼예	달그림
	25	내 마음은 동그라미야	이종아	꼬마이실

	26	사랑의 동그라미를 그려요	브래드 몬태규	을파소
	27	점	피터 H. 레이놀즈	문학동네
	28	세상을 움직인 동그라미	최연숙	창비
	29	공룡, 알에서 깨다!	앙투안 기요페	노랑꼬리별
	30	공룡 아빠	김완진	어린이작가정신
	31	내 안에 공룡이 있어요!	다비드 칼리	진선아이
	32	100개의 달과 아기 공룡	이덕화	위즈덤하우스
	33	공룡 엑스레이	경혜원	한림출판사
	34	멋진 공룡이 될 거야!	남윤잎	웅진주니어
	35	뭐든 될 수 있어	요시타케 신스케	위즈덤하우스
	36	꼭꼭 숨어라	지정관	북뱅크
상상	37	시리동동 거미동동	제주도꼬리따기 노래	창비
	38	강아지와 염소 새끼	권정생	창비
	39	넉 점 반	윤석중	창비
	40	내 멋대로 반려동물 뽑기	최은옥	주니어김영사
	41	커졌다!	서현	사계절
	42	엄마가 커졌어요!	브리키테 쉐르	꿈터
	43	아주아주 커졌어요	카타리나 소브럴	살림어린이
	44	동생이 커졌어요!	송경민	생각자라기
	45	케이크가 커졌어요!	구도 노리코	책읽는곰
	46	커다란 당근의 비밀	다린	꿈터
	47	왜냐면…	안녕달	책읽는곰
	48	겨울 이불	안녕달	창비
	49	고양이는 다 알아?	브렌던 웬젤	올리
	50	눈 아이	안녕달	창비
	51	할머니의 여름휴가	안녕달	창비
	1	진짜 내 소원	이선미	글로연
	2	엄청나게 커다란 소원	앤서니 브라운	웅진주니어
이야기	3	얼굴이 빨개져도 괜찮아	로르 몽루부	살림어린이
	4	소원을 그리는 아이	김평	책읽는곰
	5	틀려도 괜찮아	마키타 신지	토토북

	6	내 말 좀 들어주세요, 제발	하인츠 야니쉬	상상스쿨
	7	아주 무서운 날	탕무니우	찰리북
	8	소원 떡집	김리리	비룡소
	9	두더지의 소원	김상근	사계절
	10	소원은 두 번 빌면 안 되나요?	강미경	아룸주니어
	11	사소한 소원만 들어주는 두꺼비	전금자	비룡소
	12	비밀 친구	무아	책고래
	13	거짓말이 뿡뿡, 고무장갑!	유설화	책읽는곰
	14	거짓말쟁이 왕바름	박영옥	고래가숨쉬는 도서관
	15	수박 수영장	안녕달	창비
	16	입이 똥꼬에게	박경효	비룡소
이야기	17	왼손에게	한지원	사계절
	18	눈보라	강경수	창비
	19	돌멩이 국	존 J. 무스	달리
	20	오싹 오싹 팬티!	에런 레이놀즈	토토북
	21	방귀쟁이 며느리	신세정	사계절
	22	깜박깜박 도깨비	권문희	사계절
	23	줄줄이 꿴 호랑이	권문희	사계절
	24	내 마음대로 규칙	김미애	위즈덤하우스
	25	약속 꼭 지킬게!	강민경	위즈덤하우스
	26	왜 마음대로 하면 안 돼요?	양혜원	좋은책어린이
	27	교실 속 감정 수업	최형미	스콜라
	28	도서관에서 처음 책을 빌렸어요	알렉산더 스테들러	보물창고
	29	도서관에 간 사자	미셸 누드슨	웅진주니어
	30	도서관에 놀러 가요!	톰 채핀, 마이클 마크	다림

PART
4

창의적
체험활동

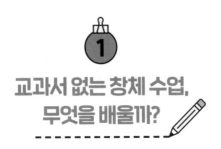

교과서 없는 창체 수업, 무엇을 배울까?

창의적 체험활동은 교과 외의 다양한 활동들을 지원하기 위한 시간으로, 보통 '창체'라고 줄여서 부릅니다. 창체는 '자율·자치' '동아리' '진로'로 나뉘며 학교와 담임교사의 재량으로 운영되는 교과입니다. 국어, 수학, 통합교과는 국가 교육과정에서 정한 성취 기준이 있어 가르쳐야 할 내용이 대부분 정해져 있습니다. 그러나 창체는 특정한 교육 내용이 정해져 있지 않아 학교만의 특색과 담임교사의 교육관에 따라 운영할 수 있습니다. 물론 큰 틀의 가이드라인은 있습니다.

영역	2022 개정 교육과정에 제시된 주요 내용	1학년의 주요 활동 예시
자율·자치	- 생활 속 여러 문제를 해결하는 능력 함양 - 정서적·심리적 안정과 입학 초기 및 사춘기 적응 - 즐거운 학교생활 및 다양한 주제 활동 경험 - 학생 자치 회의, 학급회의 등 공동체를 통한 의사소통 경험 - 민주적 의사 결정의 기본 원리 이해와 실천	- 1학년 적응 활동 - 교실 체육, 교실 놀이 - 학교 특색 악기 활동, 체육 활동 - 저학년 수준의 학급회의 - 생활 안전 교육 - 친구 사랑 활동 등 학급 친교 활동 - 입학식, 방학식, 개학식, 과학 행사, 학교 자치 행사 등 학교와 학급 특색 행사
진로	- 긍정적인 자아 개념 형성 - 일의 중요성을 이해하기 위한 진로 체험 - 다양한 직업 세계 탐색 - 진로 기초 소양 함양	- 나의 장점과 단점 알아보기 - 친구의 장점 찾아 주고 칭찬하기 - 다양한 직업 종류 알아보기 - 나의 진로 생각하고 그림으로 표현하기 - 나의 꿈 발표하기
동아리	- 창의·융합적 사고를 통한 현재와 미래의 문제 해결 - 다양한 경험과 문화, 예술, 체육 프로그램 체험 - 삶을 풍요롭게 하는 신체 활동 및 놀이 - 인간과 환경의 공존을 위한 지속 가능한 환경보호	- 오카리나, 오케스트라 등 악기, 종이접기, 줄넘기, 컬러링(색칠 놀이), 창의 미술, 체육, 연극, 국악 등 다양한 주제의 동아리 활동

1학년에서는 '자율·자치' 영역에서 1학년 적응 활동으로 가장 많은 시간을 사용합니다. 그래서 다른 학년에 비해 1학년 때 창의적 체험활동 시간이 가장 많이 편성되어 있습니다. 1학년 아이들이 학교라는 낯선 공간에 충분히 적응할 수 있도록 담임선생님과 함께 학교도 천천히 돌아보고, 운동장도 구경하며 안전 교육도 하고, 학교 놀이터에서 놀아 보는 시간들이 주어지는 것입니다.

이 외에도 '자율·자치' 시간에는 아이들이 서로 친해질 수 있는 놀이, 친구 사랑 활동 등 친교 활동도 가능하며, 학교만의 특색 있는 활동들도 합니다. 악기 활동으로 유명한 학교는 오카리나나 칼림바 등 악기 연주를 하기도 하고, 디지털 시민 교육을 주제로 삼은 학교는 태블릿을 이용해 디지털 사회에서 어린이들이 어떤 것들을 배워야 하는지를 가르치기도 합니다.

1학년의 '진로' 시간은 나 자신에 대해 탐색하는 활동들을 주로 합니다. 더 나아가 친구의 장점을 찾아 주기도 하며, 여러 종류의 직업을 알아보기도 하죠. 내가 가진 꿈을 그림이나 글로 표현하고, 사람들 앞에서 발표하는 활동도 이루어집니다.

'동아리' 시간에는 각 동아리 부서에 따라 배우는 내용이 달라집니다. 줄넘기 부서라면 줄넘기를 체계적으로 배우고, 종이접기 부서라면 종이접기를 한 학기, 또는 1년 동안 배우지요. 오카리나, 오케스트라 등 악기나 미술, 컬러링, 체육, 연극, 국악 등 다양한 주제를 학교마다 자유롭게 선정하고 아이들이 참여할 수 있습니다.

고학년으로 올라갈수록 아이들의 재량 활동들이 다양해지면서 이 동아리 활동이 중요해집니다. 3~6학년 시기에는 자율 동아리로 아이들이 스스로 동아리를 개설하고 활동할 수 있습니다. 이처럼 크면 할 수 있는 것들이 더 많아져 아이들의 학교생활이 더욱 다채로워집니다.

CHAPTER

4

엄마 아빠도 학부모는 처음이야

PART
1

초등 저학년
가정의
바른 생활 규칙

초등학생이 된 우리 아이.
아이가 성장하며 가정의 모습도 함께 자라야 합니다.
초등학교 입학과 함께
우리 집은 어떻게 달라져야 할까요?

1
대화가 있는
저녁 식사

초등학생이 된 아이와 이제 제법 깊은 대화가 가능해집니다. 같이 얘기하다 보면 언제 이렇게 컸지 싶을 만큼 아이가 갑자기 어른스러운 말을 해요. 이렇게 아이의 사고가 점점 깊어지는 시기에는 부모와의 대화가 더욱 필요하지만 부모에게도 아이에게도 시간이 부족합니다. 맞벌이 가정이라면 더욱 그렇죠.

그럼에도 아이에게 사춘기가 오는 초등학교 고학년까지는 아이와의 관계를 탄탄하게 다져야 아이가 부모를 의지할 수 있고, 사춘기도 큰 무리 없이 지나갈 수 있습니다. 최근에는 사춘기가 시작되는 시기가 점점 빨라지고 있어 초등학교 4학년만 되어도 내가 아는 아이가 맞는지 낯설어진다고 합니다.

아이의 사춘기가 시작되면 아이는 부모가 자신에 대해서 묻는 것을 거부하고 귀찮아해요. 그리고 이렇게 생각하죠. '엄마 아빠는 잘 알지도 못하면서……' 아주 틀린 얘기는 아닙니다. 학교에서 친구들과 있는 모습을 부모가 정확히 알 수는 없으니까요. 그렇게 서서히 부모가 아이에 대해 잘 모르는 부분이 늘어납니다.

아이에게 사춘기가 오기 전에 아이를 먹이고 씻기는 돌봄의 영역을 넘어 인간 대 인간으로서 대화를 나누며 관계를 맺는 시간이 필요해요. 아이와 대화하기 위해 따로 시간을 내기보다는 일상 속에서 자연스럽게 이야기를 나누는 편이 더 부담 없고 편안하죠.

오래전부터 내려온 '밥상머리 교육'은 지금도 유용합니다. 초등학교 1학년은 부모가 관심을 갖고 물어볼 때 아직은 크게 귀찮아하지 않고 사랑으로 느끼는 시기예요. 아이와 식사 자리에서 이야기를 나누는 건 아이가 다 크고 나서는 더 어렵습니다. 그냥 밥만 먹는 것과 다르게 대화가 있는 저녁 식사를 하기 위해서는 아래의 여섯 가지 규칙을 잘 지켜 주면 됩니다.

엄마도, 아빠도, 아이도 스마트폰 하지 않기

요즘 가족들끼리의 대화를 가장 방해하는 것은 스마트폰입니다. 스마트폰을 드는 순간부터 가족들은 각자의 세계로 빠져들어요. 함께 있어도 함께 있는 것이 아니죠.

아이가 부모인 나의 관심을 바라는 순간은 앞으로 2~3년 정도밖에 남지 않았습니다. 어른에게도 아이에게도 어렵겠지만, 식사 시간만큼은 스마트폰을 뒤집어 놓거나 멀리 두고 함께 식사하는 것이 중요해요. 이 점이 대화가 있는 저녁 식사의 가장 기본적인 원칙이에요. 스마트폰을 하지 않는 것만으로도 대화가 있는 저녁 식사의 절반은 성공입니다.

⚇ 같은 시간에 식사를 시작하고 천천히 먹기

엄마나 아빠가 저녁 식사를 준비하다 보면 아이가 먼저 밥을 먹게 되는 경우가 많습니다. 일단 아이 밥부터 차려 주고 엄마 아빠는 주방 뒷정리를 끝낸 뒤 식사를 시작하는 식이죠.

하지만 부모가 밥을 먹을 때쯤이면 음식은 식고 아이도 거의 다 먹어 가는 상태가 돼요. 아이는 사실상 혼자 밥을 먹는 셈이죠. 뒷정리를 조금 미뤄도 되니, 아이와 같은 시간에 식사를 시작하고 천천히 먹으며 눈 맞추는 시간을 더 가져 보세요. 이것이 자연스러워지면 함께 식사를 시작하면서 대화를 나누는 것도 익숙해질 겁니다.

⚇ 아이를 평가하거나 지적하지 않기

아이와 대화를 시작하면 나도 모르게 '지금이 아이를 가르쳐야 할 순간인가?' 하는 생각이 들며 진지하게 말을 하게 됩니다. 그러다 보면 '수업 열심히 해야지'나 '그러면 친구가 싫어하지'와 같이 아이를 평가하거나 지적하기 쉬워요. 아이와 인간 대 인간으로 관계를 맺으려 시작했는데, 어느새 내가 아이를 판단하는 심판이 되어 버리는 것이죠.

어른들도 평가하고 지적하는 사람과는 길게 얘기하고 싶어 하지 않아요. 부모님도 집안 어른과 식사할 때 평가나 지적을 받아 속이 답답했던 경험이 있을 거예요. 그러면 식사를 서둘러 끝내고 홀연히 방으로 사라졌던 적, 다들 있으시지요?

그래도 부모로서 반드시 조언을 해야 하는 순간이 있다면 어떻게 할까요? '엄마도 비슷한 일이 있었는데 친구한테 미안하다고 하니까 그 다음 날부터는 잘 놀 수 있었어'처럼 엄마와 아빠의 경험을 들려주는 것이 훨씬 나은 방법입니다. 같은 메시지라도 아이가 받아들이는 방식이 달라집니다.

꼬리에 꼬리를 무는 질문으로 대화하기

아이와 대화를 나누다 보면 이런 패턴으로 이야기가 흘러가기 쉽습니다.

"학교에서 뭐 배웠어?"

"클레이 만들었어."

"그래? 잘 만들었어?"

"응."

이렇게 질문하면 대화가 깊어지기 어렵죠. '잘'했는지, 아니면 '못'했는지 묻는 데 그치면 대화를 이어 가기가 힘듭니다. 대화가 풍성해지려면 '잘'이나 '못'처럼 단답형 답이 나오는 질문보다는, 아이의 생각이나 느낌을 끌어낼 수 있는 질문이 좋습니다.

"학교에서 뭐 배웠어?"

"클레이 만들었어."

"그래? 클레이로 뭘 만들었어?"

"사과랑 배 만들었어."

이런 질문을 하면 아이와 꼬리에 꼬리를 무는 대화가 가능해집니다. 아이가 평가나 잔소리 없이 자신의 말에 관심을 가져주는 엄마 아빠에게 신이 나서 더 많은 이야기를 꺼낼 거예요.

아이 말 끊지 않기

누구도 말 끊는 사람을 좋아하지 않듯 아이도 마찬가지입니다.

아이가 말을 느리게 하거나 수선스럽게 말해도 일단은 끝까지 들어 주세요. 부모가 끝까지 들어 주면 아이는 자신이 존중받고 있다고 느끼고, 다른 사람의 말도 끝까지 들어야 한다는 걸 배웁니다. 집 안에서 존중받은 아이는 밖에 나가서도 타인을 존중할 수 있고, 존중받는 사람으로 성장할 수 있어요.

⁑ 일주일에 최소 한두 번은 아이와 같이 밥 먹기

너무 바빠서 아이와 밥을 자주 먹기 어렵다면, 일주일에 한두 번, 또는 주말이라도 함께 식사하며 이야기를 나누세요. 대화의 빈도보다 중요한 건 대화의 질이에요. 이야기를 나누는 동안 부모와 아이의 감정이 통하는 게 중요합니다.

일주일에 1~2회 깊이 있는 대화를 나누고, 나머지 시간에는 씻기기, 양치 시키기, 재우기 등 아이의 일상 속에서 자연스럽게 대화하는 것으로도 충분합니다.

아이와 이런 대화를 나누는 것이 너무 어색한가요? 아이에게 '양치질 해라'나 '밥 먹어라'와 같이 지시하는 말은 자주 하지만, 마음이나 감정을 이야기하는 것이 어려운 경우 말이에요.

사실 제가 그랬습니다. 자라면서 부모님과 마음을 나누는 대화를 나눈 적이 별로 없었기에 처음 가르쳤던 아이들이나 제 자녀와 대화다운 대화를 나누기 참 어려웠어요. 무슨 말을 해야 할지 잘 모르겠고, 매일 비슷한 일과 속에서 무슨 마음을 나누나 싶었습니다.

처음에는 아이와 같이 시간을 보내더라도 정적이 흐르는 시간이 답답해서 아무 말이나 던지곤 했습니다. 아이를 판단하거나 평가하는 말을 하기도 했고, "그래서 잘했어?"라는 질문을 자꾸 하게 되더라고요. 그럼에도 아이의 일상이나 관심사에 최대한 주파수를 맞추며 대화하려고 노력했습니다. 아이들이 가까운 사람, 사랑하는 사람들과의 대화가 어색하지 않은 사람으로 자라길 바랐기 때문이에요.

지금은 그때보다 훨씬 더 아이들과 마음이 담긴 대화를 나눌 수 있게 되었습니다. 밥 먹으면서 촬영하는 토크쇼에 나가기 위해 '대화가 있는 저녁 식사'를 연습하는 게 아니니까요. 그 안에 담겨야 하는 것은 아이의 일상에 대한 진심 어린 관심과 아이의 말을 끝까지 들어 주려는 마음, 그뿐입니다.

아이의 자립심을 기르는 집안일 교육법

　지금 아이가 집안일에 얼마나 참여하고 있나요? 가정마다 조금씩 상황이 다를 거예요. 그 전에는 전혀 참여하지 않았더라도, 초등학생이 되면 아이도 이제 한 명의 가족 구성원으로서 자신의 역할을 해야 할 때죠.

　예전에는 아무 곳에나 옷을 벗어 두었다면, 이제는 스스로 옷을 세탁실에 가져다 놓는 것처럼 말이에요. 식사를 마치고 먹은 그릇은 싱크대에 갖다 놓을 줄 알아야죠. 분리수거도 마찬가지예요. 처음에는 부모와 함께 분리수거를 해 보고, 점차 아이 혼자서도 할 수 있도록 목표를 설정해야 합니다. 이제는 부모가 집안일을 도맡는 것이 아니라, 초등학생이 할 수 있는 집안일은 함께 하거나 혼자 할 수 있도록 가르칠 때예요.

집안일 참여는 아이에게도 큰 도움이 됩니다. 가정을 위해 소소한 집안일에 참여하면서 아이는 가족 구성원으로서의 소속감과 보람을 느낍니다. 또한, 이러한 경험을 통해 아이는 자신의 환경 속에서 안정감을 찾고, 스스로 주변을 정리했다는 자긍심도 느낄 수 있죠.

집안일 참여의 경험은 학교에서도 그대로 이어져, 아이가 교실에서 맡은 역할을 성실히 해내고, 자신의 책상 서랍이나 사물함을 정리하는 습관을 길러 줍니다. 자연스럽게 학급 구성원으로서의 역할도 받아들이는 것이에요.

이처럼 집안일 참여는 아이가 구성원으로서 바로 설 수 있게 합니다. 어떤 집안일에 참여시킬지는 각 가정의 상황과 아이의 특성에 맞게 결정하면 돼요. 이때 중요한 한 가지는, 아이가 스스로 할 수 있는 환경을 조성해 주는 것입니다. 아이가 아직 어리기 때문에 쉽게 해낼 수 있도록 집안일 시스템을 만들어 주는 것이죠. 그렇다면 어떤 환경을 마련해 주면 좋을까요?

아이의 입장에서 최적의 동선 만들기

아이가 집안일에 참여하기 쉬운 환경을 만들기 위해서는 아이의 입장에서 생각해 보는 것이 먼저입니다. 예를 들어 학교나 학원이 끝난 후 가방을 메고 집에 돌아온 아이를 상상해 보세요. 이때 부모가 옆에 없다고 가정하고, 아이가 스스로 어떻게 움직이면 좋을지 고민하며 동선 시스템을 구축하는 것이 필요합니다.

'집에 오자마자 외투를 벗을 텐데 외투는 어디에 걸어야 할까? 외투를 쉽게 걸 수 있는 장소를 마련해 줘야겠어.'

'아이가 두기 좋은 책가방 자리가 필요해. 아이가 쉽게 걸 수 있는 곳은 어디일까?'

저의 경우, 아이가 집에 돌아와 외투를 벗자마자 걸 수 있고, 밖에 나갈 때는 바로 걸칠 수 있도록 현관에 접착식 고리를 붙여 두었습니다. 자주 입는 아이 외투만 걸 수 있게 주변 생활용품 가게에서 튼튼한 접착식 고리를 사서 부착했죠. 벗은 외투를 바로 걸기 좋고, 나갈 때도 바로 갖고 나갈 수 있어 편리합니다.

만약 아이가 여럿이라 외투 걸 곳이 많이 필요하거나, 어른들의 외투도 함께 건다면 아예 현관 근처에 여러 개의 옷을 걸 수 있는 스탠드형 행거를 두는 것도 좋은 방법이죠. 또는 현관 근처 벽이나 문에 걸 수 있는 행거도 도움이 될 수 있습니다. 책가방이나 학원 가방도 아이의 실제 동선을 고려하여 정리 장소를 정해 두면 아이가 스스로 정리하기 쉬워집니다.

⚇ 아이의 똑똑한 정리를 위한 바구니, 수납함 활용하기

정리할 곳이 명확하지 않거나 정리 방법을 모르는데, 그저 정리하라고만 얘기하는 것은 아이에게 정리가 어렵고 복잡하고 번거로운 것이라고 생각하게 만들 수 있어요. 이럴 때는 정리하기 쉬운 바구니와 수납함을 적극 활용하는 것이 좋습니다. 무조건 책상이나 책장 위에 올려 두는 대신 바구니나 수납함에 물건을 넣는 것이죠. 또 앞서 다루었던 동선을 고려하여 바구니와 수납함의 위치를 정해 두면 아이가 정리하기 더 쉬워지죠.

예를 들어, 아이가 세탁할 옷을 아무 데나 벗어 놓는다면 혼내기 전에 먼저 고민해 보는 거예요.

'아이가 입은 옷을 어디에 두게 하지? 보통 옷을 갈아입을 때 벗은 옷을 아무 데나 던져 둘 텐데, 세탁 바구니가 있는 세탁기 옆이나 서랍장은 너무 멀어.'

아이는 평소에 갈아입을 옷이 있는 옷장이나 서랍장, 또는 화장실 앞에서 옷을 벗어 두기 마련입니다. 그래서 아이가 옷을 갈아입는 곳에 작은 세탁 바구니를 하나 더 두면 좋습니다. 부모님은 세탁할 때 그 작은 바구니만 세탁기로 가져가면 되니까요.

또, 아이가 자꾸 소파에서 먹고 난 간식 봉지 같은 쓰레기를 소파나 협탁 위에 아무렇게나 둘 때가 있어요. 이럴 때 좋은 방법은 소파 옆에 작은 쓰레기통을 두는 거예요.

이런 식으로 소소한 것들이 쌓여서 아이에게는 좋은 습관이 되고, 가족의 일원으로서 제 역할을 하게 됩니다. 아이가 할 수 있는 작은 일로 가정에 기여하는 것은 아이의 자존감과 책임감을 길러 주기에도 좋아요. 그래서 아이가 쉽게 실천할 수 있는 시스템을 만들어 루틴을 구성하는 것이 중요하지요.

마지막으로, 아이의 좋은 습관이 자리 잡기까지는 두 달 정도 걸릴 수 있습니다. 이 기간은 습관이 정착되는 시기라고 생각하고, 꾸준히 곁에서 지도해 주는 것이 필요합니다.

스마트폰 슬기롭게 사용하기

요즘 초중고 자녀를 키우는 집집마다 부모와 자녀 간의 심각한 갈등이 벌어지는 문제가 있습니다. 바로 스마트폰 사용이에요. 최근 아이들의 스마트폰 사용 시간이 점점 길어지고 있지요.

인스타그램 같은 SNS를 지나치게 오래 사용하거나, 유튜브 쇼츠나 틱톡과 같은 중독성 강한 짧은 영상을 몇 시간씩 시청하는 경우도 많습니다. 스마트폰과 SNS를 이용해 아이들을 노리는 범죄도 기승을 부리고 있고요. 아이의 안전과 지나친 스마트폰 사용을 걱정하는 부모님은 자연스럽게 스마트폰 사용 규칙을 만들고 훈육을 하게 됩니다.

초등학교 1학년은 아이들이 스마트폰을 본격적으로 접하기 시작하는 시기입니다. 이때 스마트폰 사용은 가정 내 풍경을 크게 변화시킬 수 있어요. 그럼, 슬기로운 스마트폰 사용의 시작은 어떻게 하면 좋을까요?

⚇ 스마트폰을 사 줘야 할까요?

많은 부모님이 초등학교 1학년이 된 자녀에게 스마트폰을 사 줄지 말지 고민합니다. "선생님, 휴대폰을 사 주는 게 나을까요? 반 아이들 대부분 있죠?" 실제로 1학년 상담 전화에서 자주 듣는 질문입니다.

맞벌이 부모의 경우, 학교가 끝난 후 혹시나 아이에게 무슨 일이 생길까 봐 걱정돼 미리 사 주는 경우가 많아요. 아이도 몇몇 친구들이 이미 스마트폰을 가지고 있는 걸 보고 부모님에게 스마트폰을 사 달라고 조르기 시작합니다.

스마트폰을 사 줄지 말지 망설이는 부모님들에게 한 가지 말씀드리고 싶어요. 스마트폰 구매를 두고 아이와 갈등하는 것보다 나중에 스마트폰 사용 규칙과 시간을 두고 갈등하는 것이 더 어려울 수 있다는 점을요.

아이의 성향에 따라 다르겠지만, 어린아이들에게 스마트폰이라는 매혹적인 기계를 주고 스스로 자제하라고 하는 것은 매우 어려운 일이에요. 어른들 역시 해야 할 일이 있는데도 스마트폰을 손에서 놓지 못하는 경우가 많잖아요? 자제력과 충동 억제력이 부족한 아이들에게 스마트폰을 주고 스스로 잘 사용하길 기대하는 건 사리에 맞지 않아요.

초등학교 1학년 때 스마트폰을 사 주어도 좋고, 사 주지 않아도 괜찮아요. 가정마다 상황이 다 다릅니다. 중요한 건, 스마트폰을 사 주는 것이 끝이 아니라 그 이후에 아이와 함께 규칙을 세우고, 그 규칙을 잘 지키는지 확인해 주는 과정이 반드시 필요하다는 점이에요. 아이의 자기관리 능력이 성장할 때까지 가정 상황과 아이의 성장에 맞춰 규칙을 조정하며 슬기롭게 스마트폰 생활을 경험할 수 있도록 도와주세요.

⚇ 아이를 위한 스마트폰 환경 조성하기

자녀 스마트폰 환경 설정 및 관리 앱 설치

아이에게 스마트폰을 사 주었다면, 먼저 스마트폰 환경을 설정해 주어야 해요. 자녀의 스마트폰 관리를 위한 다양한 앱들이 있습니다. 관리 앱을 사용해 유해 콘텐츠를 차단하고 스마트폰 사용 시간을 조절할 수 있죠. 또 특정 앱의 사용을 중지시킬 수도 있습니다. 무료와 유료 앱이 다양하게 있으니, 아이에게 맞는 앱을 선택하여 설치해 두면 도움이 됩니다.

- IOS: 스크린타임 설정
- 안드로이드: 구글 패밀리링크(무료), SKT ZEM(무료), 엑스키퍼(유료)

유튜브 키즈 앱 설치 및 알고리즘 끄기

많은 어린이가 가장 자주 사용하는 앱의 하나가 유튜브입니다. 유튜브는 무료로 영상을 시청할 수 있고, 아이가 궁금한 내용을 검색하여 정보를 얻을 수 있다는 장점이 있어요. 하지만 알고리즘을 통해 계속 영상이 추천되니 예상보다 더 오랜 시간 영상을 보게 되는 단점도 있죠. 특히 자제력이 부족한 어린아이들은 쉽게 빠져들어요. 따라서 아이가 유튜브 영상 속 유해 콘텐츠에 노출될까 걱정하는 부모님도 많습니다.

다행히 유튜브는 부모님이 아이의 스마트폰 환경을 설정할 수 있는 몇 가지 방법을 제공해요. 이 설정 기능을 잘 활용하면 유튜브의 장점을 최대한 누리면서 과도한 시청을 예방할 수 있어요.

유튜브 키즈 앱 설치하기

키즈용 유튜브 앱이 별도로 있습니다. 유튜브 키즈 앱에서 자녀의 연령을 설정하면 콘텐츠 시청 등급을 조절할 수도 있고요. 나이에 맞는 영상들만 시청할 수 있는 것이죠. 보호자가 시청할 콘텐츠를 승인하거나 사용 시간을 제한하는 것도 가능합니다.

유튜브 앱에서 알고리즘 기능 끄기

만약 아이가 유튜브 키즈 앱이 아니라 일반 유튜브 앱을 사용한다면, 관련된 동영상, 쇼츠를 연속해서 재생하는 알고리즘 기능을 중지

하는 것만으로도 큰 효과를 볼 수 있습니다. 알고리즘 기능을 끄면 아이의 시청 기록이 저장되지 않고, 그에 따라 맞춤형 영상 추천이 나오지 않죠. 아이가 원하는 영상을 직접 검색해서 보게 되니 시간을 좀 더 관리해 줄 수 있어요.

아래의 2단계를 따라 하면 유튜브 알고리즘 기능을 끌 수 있습니다.

① 설정→전체 기록 관리→YouTube 기록 저장 중→사용 중지
② 설정→전체 기록 관리→삭제→모든 데이터 삭제

그 밖에도 아이들이 어떤 영상을 시청하고 있는지 시청 기록과 구독 목록을 정기적으로 확인해 보세요. 유익한 영상도 많지만, 유해하거나 자극적인 영상도 있기 때문에 부모의 지속적인 관심이 필요합니다.

용돈으로 시작하는 경제 교육

초등학생이 되면서 아이들에게는 전에 없던 본인만의 시간이 생깁니다. 혼자 학교나 학원을 오가는 틈새 시간에 부모님은 아이가 간식을 사 먹거나 필요한 것을 구입할 수 있도록 아이에게 용돈을 주기 시작합니다. 아이의 입장에서는 부모님의 허락을 받긴 해야 하지만 그래도 이제 어느 정도 자유롭게 사고 싶은 것을 살 수 있으니 신나는 경험이죠.

하지만 아이들은 직접 돈을 써 본 경험이 부족해서 이런저런 시행착오를 겪기 마련입니다. 어떤 아이들은 몇 달 치 용돈으로 준 2~3만 원을 문구점에서 하루 만에 다 써 버리고, 반대로 어떤 아이들은 아끼겠다며 100원도 쓰지 않고 몇 달간 모아 두기만 합니다. 또 이 시기의 아이들은 학교에서 지폐나 동전을 책상에 아무렇게나 두고 다니기도 합니다. 그러다 보니 1학년 시기에는 돈을 잃어버리는 경우도 빈번합니다. 용돈을 받기는 하지만 잘 보관할 줄 모르죠.

교사로서 그 모습을 볼 때마다 "잘 보관해야 해" "가방에 넣어 둬야지"라고 말하지만 용돈과 경제 교육은 가정에서 지도해 줄 때 가장 효과적입니다. 용돈을 주는 사람과 그 용돈을 구체적으로 관리하는 사람이 부모님이기 때문이에요.

부모님들도 예전부터 알게 모르게 아이에게 경제 교육을 해 오셨을 겁니다. "가게에서 과자 딱 하나만 살 거야. 아무거나 다 살 수는 없어" 또는 "5천 원 아래로 사야 해. 골라 봐"라는 말로요. 그동안은 곁에서 지켜보고 바로 얘기해 줄 수 있었지만 초등학생이 된 이후부터는 아이가 돈이 필요한 상황마다 부모님이 함께 있기 어렵습니다.

초등학생 시기는 아이들이 돈의 가치와 스스로 돈을 관리하는 방법을 배우는 첫 단계입니다. 그 과정에서 어떻게 돈을 계획적으로 사용할 것인지 기본적인 습관이 형성되도록 도와줘야 하죠. 그렇다면 용돈으로 시작하는 첫 경제 교육을 어떻게 시작하면 좋을까요?

⁝ 용돈은 현금으로

1학년 아이들에게 용돈을 주는 적절한 방식은 눈에 보이는 '현금'으로 주는 것입니다. 종종 체크카드나 신용카드를 주는 부모님들이 있습니다. 아이에게 무슨 일이 생길지 모르니 걱정되는 마음에 카드를 주고 필요할 때마다 쓰라고 얘기하는 것이죠.

그러나 교육학자 피아제의 인지 발달 이론에 따르면, 구체적 조작기에 해당하는 이 시기의 아이들은 눈에 보이지 않는 것은 이해하기 어렵고 설명만으로는 양을 어림하기 힘들어해요. 그러다 보니 카드를 사용할 수는 있지만 실제로 돈이 빠져나가는지, 그 안에 돈이 얼마나 남아 있는지를 잘 실감하지 못하는 것이죠.

그래서 초등학교 1학년에게는 눈에 보이는 현금이 돈에 대한 감각을 키워 주기에는 더 효과적입니다. 1만 원이라는 큰돈을 사용하면서 점점 5천 원, 1천 원, 500원 등으로 쪼개지는 과정도 직접 볼 수 있죠. 그러면서 5천 원짜리 한 장이 1천 원짜리 네 장보다 더 큰 가치를 지닌다는 것도 배웁니다. 현금 사용을 통해 금전적인 감각을 익히는 겁니다.

만약에 아이가 돈이 다 떨어져서 곤란에 처할까 봐 걱정된다면, 용돈은 현금으로 주고 비상시에 사용할 체크카드나 신용카드를 준비해 주세요. 아이가 급한 상황에서 언제든지 꺼내 사용할 수 있도록 말이죠. 아이에게 카드를 넣어 둔 장소를 미리 말해 두면, 안전하게 대처할 수 있을 거예요.

⁝ 용돈은 정기적으로

아이들에게 용돈을 줄 때 이렇게 얘기하는 경우가 있죠.

"엄마가 3천 원 줄 테니까 다 떨어지면 바로 말해. 아껴 써야 해, 알 겠지?"

이처럼 용돈을 줄 때 명확한 기간이나 규칙 없이, 돈이 떨어지면 그때그때 다시 주는 방식은 아이들이 돈을 관리하기 어렵게 만듭니다. 아이가 아직 어리니 중간에 돈이 모자랄까 봐 걱정되어 선택하는 방식이죠. 그러나 이런 경우 아이는 돈을 계획적으로 사용하기보다 필요할 때마다 부모님께 의존하는 습관을 가질 수 있습니다.

저는 정기적으로 용돈을 주는 것을 추천합니다. 1~2주에 한 번씩 일정한 금액을 주는 것이죠. 만약 월요일마다 3천 원을 준다고 정해 두면, 아이는 그 돈을 일주일 동안 어떻게 사용할지 스스로 계획할 수 있게 됩니다. 만약 화요일에 3천 원을 다 써 버린다면, 남은 기간 동안 쓸 돈이 없다는 것을 직접 경험하게 되겠죠. 이를 통해 자연스럽게 한정된 금액 안에서 사용하고 관리하는 능력을 기르게 됩니다.

또, 아이는 용돈 중 남은 돈이 얼마인지 계산하고 나머지 기간 동안 어떻게 사용할지 고민하게 됩니다. 만약 목요일쯤에 1천 원이 남았을 때, 이 돈으로 무언가를 사야 할지 아니면 더 중요한 소비를 위해 남겨야 할지 생각하게 되는 것이죠. 이와 같이 정기적인 용돈 지급은 아이들에게 돈을 계획적으로 사용하는 능력을 길러 줍니다.

🔵 지갑과 용돈 기입장으로 용돈 관리하기

아이에게 용돈을 주기 시작할 때는 어떻게 용돈을 관리할지를 함께 지도해 주는 것이 중요합니다. 이를 위해 첫 번째로, 아이들이 돈을 보관할 수 있는 작은 지갑을 준비해 주세요. 이 지갑은 단순히 돈을 보관하는 수단이 아니라, 아이가 돈을 관리하는 첫 번째 도구가 됩니다.

두 번째, 용돈 기입장을 사용하는 습관을 길러 주세요. 만 7세는 아직 몇천, 몇백 단위의 계산이 어려운 나이입니다. 따라서 용돈 기입장에 얼마를 받았는지와 오늘 무엇을 샀는지, 그리고 남은 금액 정도를 기록할 수 있게 해 주세요. 용돈 기입장을 통해 아이는 자신의 소비 패턴을 눈으로 확인할 수 있게 됩니다. 예를 들어, 아이가 5천 원의 용돈을 받았고, 그중 1천 원을 친구들과 아이스크림을 사는 데 사용했다고 기록한다면, 가진 돈을 세어 남은 돈을 확인할 수 있죠. 용돈의 용처를 기록하는 습관은 돈의 흐름을 한눈에 볼 수 있게 하여 불필요한 소비를 줄이고 필요한 곳에 돈을 쓸 수 있도록 도와줍니다.

아이가 처음 용돈 기입장을 쓸 때는 부모님이 옆에서 기록하는 과정에 도움을 주어야 합니다. 부모님의 지도를 받으며 기록 방법을 배우고, 점차 스스로 용돈을 관리할 수 있게 하는 것이 목표입니다. 기록을 마친 뒤에는 부모님과 함께 이야기를 나누는 시간도 가질 수 있습니다. '오늘 슬라임을 샀구나. 이건 꼭 필요한 소비였니?'와 같은 대화를 통해 아이는 자신의 소비에 대해 다시 한번 생각해 보게 됩니다.

학습 공간
조성하기

초등학교 시기부터 본격적인 학습이 시작됩니다. 자연스럽게 가정에서 공부하는 시간이 생깁니다. 국어, 수학 등 교과 학습 시간에 배운 내용을 가정에서 다시 보며 익히는 시간이죠.

이제 막 학습을 시작한 1학년 아이들에게 어떤 과제들이 있을까요? 먼저 학교 숙제가 있죠. 초등학교 아이들의 학습 과정은 대부분 학교 안에서 이루어지지만, 배운 내용을 가정에서 연습하며 익혀 보라고 교사가 숙제를 내기도 합니다. 알림장에 '수학익힘 24쪽 풀어 오기' '받아쓰기 1급 한 번 써 오기' '그림일기 한 편 써 오기'같이 적어 주면서요.

학교 숙제 이외에도 학습 학원을 다니게 되면 태블릿PC, 학습지, 문제집을 이용한 학원 숙제가 생깁니다. 또 가정에서 아이의 학습을 다져 주기 위해 부모가 개별적으로 문제집이나 교재를 구매해서 푸는 경우도 많습니다. 아이와 1~2쪽씩 풀자고 약속하고 규칙적으로 부모표 방과 후 학습을 하는 것이죠.

여기서 부모는 생각 외의 어려움을 겪게 됩니다. 학습에 익숙하지 않은 아이가 그리 재밌게 느껴지지 않는 학습을 편안한 생활 공간인 집에서 스스로 척척 하는 건 어려울 수밖에 없기 때문이죠. '스스로 집에서 공부하는 아이'는 전설 속 유니콘 같은 아이입니다. 부모님들이 성장하면서 들었던 '엄마 친구 아들, 딸' 같은 존재들인 셈이죠.

일반적인 활달한 만 7세 아이들이 가정에서 숙제를 하거나 학습을 하려면 먼저 부모와 교사의 숙제 확인과 함께 공부 환경 조성이 필요합니다. '장인은 도구를 가리지 않는다'라는 명언이 있지만 아이들에게는 해당하지 않는 말입니다. 어리면 어릴수록 환경에 더 많은 영향을 받습니다. 물론 공부 환경을 조성했다고 해서 모든 아이가 즐겁게 집에서 공부하는 건 아니에요. 하지만 좀 더 공부하기 쉽게 유도할 수 있는 것이 사실입니다.

환경 조성이 되어 아이들의 가정 내 학습을 도우면 가장 좋은 것은 부모의 잔소리가 줄어든다는 점입니다. 세 마디 할 것을 두 마디 하게 되고, 두 마디 할 걸 한 마디만 하게 되는 것이죠. 아이와의 관계를 해치지 않을 수 있는 가정 내 교육 환경 조성 팁을 나눠 볼게요.

책상과 의자 준비하기

아이가 공부할 수 있는 책상과 의자를 마련하는 것이 먼저입니다. 만 7세 아이의 키와 몸무게에 적당한 책걸상으로 구매하면 가장 좋지만, 옷처럼 쉽게 책걸상을 자주 바꿔 주기는 어렵습니다. 그래서 아이가 생각보다 금방 큰다는 것을 고려하고 구매하면 좋습니다. 사이즈 조절이 되는 책상과 의자도 있습니다.

물론 아직은 학습용 책상, 의자 세트가 없어도 무리 없는 시기입니다. 1학년 아이들의 공부량은 집에 있는 식탁에서도 충분히 커버되죠. 다만 식탁에서 아이가 숙제를 한다면 공부 시간에는 방해되지 않도록 식탁 위의 물건들을 최대한 깔끔하게 정리해 주세요. 또 저녁 시간 이후에 숙제하는 경우가 많은데 저녁 식사 식기 및 반찬 등은 숙제하기 전에 미리 정리해 두면 아이의 학습 분위기 조성에 도움이 될 거예요.

부모의 눈에 띄는 일정한 곳에서 공부하기

공부하는 시간에 아이가 자연스럽게 앉을 자리가 정해지면, 그 장소를 계속 고정해 두는 것이 좋아요. 상황이나 아이의 기분에 따라 어떤 날은 거실, 또 어떤 날은 부모님 방이나 본인 방에서 공부하게 되면 일정한 학습 분위기를 유지하기가 어렵죠. '어디서 공부할 거야?' '거실에서 할 거면 빨리 숙제 가져와' 같은 잔소리가 자연스럽게 늘어나기도 합니다. 되도록 공부하는 장소를 한곳으로 정해 아이와 부모 간의 암

묵적인 약속으로 만들어 보세요.

초등학교 1학년의 공부 장소를 정할 때는 아이의 방보다는 거실처럼 부모의 눈에 쉽게 띄는 곳이 좋습니다. 청소년기와는 달리, 초등 1학년에게는 책상이나 의자보다 곁에서 봐 주고 함께 있어 주는 어른의 존재가 더 필요해요. 아이가 공부할 때 부모가 인내심을 가지고 지켜봐 주는 것이 중요하다는 이야기죠.

이것만큼은
꼭 챙겨 주세요

하루 한 번 알림장으로 학습 루틴 세우기

아이와 함께할 수 있는 20분을 부모의 루틴으로 확보해 두는 것이 좋습니다. 아침 일찍이든, 저녁 먹고 나서든 괜찮습니다. 중요한 건 언제든 하루 20~30분의 시간을 확보하여 매일 꾸준히 아이의 공부 및 학교생활을 확인해 주는 것입니다.

부모님 중에는 아이가 학교에 들어가자마자 '그래, 학교생활은 너의 몫이고 나는 전혀 신경 쓰지 않겠다. 이제부터 네가 알아서 해야지'라고 생각하며 손을 완전히 떼는 분들이 있습니다. 그 취지는 충분히 이해됩니다. 아이의 책임감을 길러 주기 위해서죠. 아이가 자립할 수 있도록 스스로 알림장을 열고 준비물을 챙기고 숙제하도록 하는 것도 정말 필요해요.

　그렇지만 초등학교 1학년, 특히 1학기 동안은 부모님이 곁에서 아이가 알림장을 열어 내용을 파악하고 있는지, 숙제를 했는지 확인해 주는 것이 필요합니다. 어른들은 강한 의지로 본인 스스로 습관을 만들고 지켜 나갈 수 있습니다. 그러나 부모님들도 알 겁니다. 어른들도 습관을 만들고 지켜 나가는 게 얼마나 어려운지. 그래서 어른들은 모임도 만들고, 카톡으로 인증도 하며 어렵게 습관을 만들어 갑니다.

　어른들보다 더 미숙한 아이들이 입학하자마자 알림장을 잘 확인하고, 준비물 알아서 챙기고, 집에 오자마자 숙제를 하는, 그런 모범적인 행동을 매일매일 할 거라 기대하는 것은 사실 무리예요. 어린아이들은 아직 본인의 행동을 책임지기 어렵고, 욕구 조절에 능숙하지 않습니다. 어느 정도 습관이 자리 잡기 전에는 확인해 주고 지켜봐 주는 사람이 필요하죠.

　그렇다고 이런 식은 곤란합니다.

　"예서야, 이리 와 봐. 가방 어딨어? 알림장 보니까 받아쓰기 숙제가 있네. 예서야. 숙제는 집에 오자마자 하라니까, 응? 미리 해야지. 아주, 엄마가 얘기하기 전에는 숙제 절~대 안 하지? 으이구. 받아쓰기 3급 써야 하니까 공책 좀 가져와 봐. 여기 앉아. 얼른 앉아. 연필 잡고, 그래. 급수표 여기 있으니까 이거 보고 써."

　이런 과정으로 아이가 숙제를 했다면, 사실상 숙제를 했다고 하기 어렵습니다. 엄마가 절반쯤 해 준 셈이죠. 아이는 정말 쓰기만 한 거거든요. 그렇다면 20분 동안 어떻게 아이와 함께 알림장을 확인하는 것이 좋을까요? 간단한 4단계가 있습니다.

① 아이와 함께 알림장 확인 시간 정하기

먼저 알림장을 확인하고 학교 가방을 싸는 일정한 시간대를 정합니다. 가장 적절한 시간을 아이와 함께 상의하세요.

보통 많은 가정에서 저녁 식사 전후로 알림장을 확인합니다. 일괄적으로 저녁에 맞출 필요는 없습니다. 가정마다 상황이 다르니 그에 맞춰 시간을 정하면 됩니다. 새벽같이 일찍 일어나는 아이들은 보통 저녁에 일찍 잠이 듭니다. 이런 경우에는 아침 일찍 학교 가기 전에 알림장을 확인하고 가방 정리하는 시간을 가져도 좋습니다.

② 약속 시간에 알림장 확인하는지 지켜보기

약속한 시간이 되었다면, '이제 알림장 확인하자'라며 함께 가방을 확인해 봅니다. 아이가 가방 열고 알림장을 꺼내 읽으면 무슨 내용인지 묻고, 숙제나 준비물이 있는지 체크합니다.

이때 중요한 점이 있습니다. 완전히 습관으로 자리 잡기 전에는 말로만 지시하기보다 아이 옆에서 지켜봐 줘야 한다는 것입니다. 집에 있다 보면 부모는 여러 집안일을 해야 합니다. 그러다 보니 세탁기에 빨래 넣고 세제 투입하면서 '알림장에 뭐라고 쓰여 있어? 읽어 봐' 이런 식으로 멀리서 말로만 하기 쉽습니다.

모든 것들이 익숙해지는 데는 최소 2주에서 한 달 정도가 걸립니다. 초반에는 되도록 자리를 뜨지 말고 알림장을 꺼내어 읽는 모습까지 확인하고 지켜봐 주세요. 그렇게 습관으로 자리 잡을 때까지 기다려 주어야 합니다.

③ 숙제는 바로 하기

만약 숙제가 있다면 20분 안에 다 할 수 있도록 합니다. 학교 숙제가 매일 있다면 규칙적으로 하면 됩니다. 그런데 학교 숙제가 매일 있는 경우는 드물죠. 숙제가 없다면 대신 알림장 확인하는 시간에 연달아 쉬운 수학 연산 교재를 한 쪽씩 푸는 것도 좋습니다. 쉽게 습관을 들이려면 좋은 습관들을 연달아 배열하는 것이 큰 도움이 됩니다.

물론 거의 매일 하게 되니, 공부하는 시간은 무조건 짧게 정합니다. 이를 위해 수학 문제도 10분 안에 끝나는 분량으로 정하면 됩니다. 이 또한 습관이 되기 전에는 2주에서 한 달 정도 곁에서 봐주는 것이 제일 중요합니다.

④ 가방에 준비물 넣기

해야 할 것들이 끝나면 기본 준비물인 연필 세 자루, 지우개를 필통에 넣고, 바로 들고 갈 수 있게 가방을 정리합니다. 손의 힘 조절이 잘 안 되는 1학년 특성상 하루에도 몇 번씩 연필심이 부러집니다. 교실에 연필깎이가 있지만, 생각보다 자주 연필심이 부러져 세 자루 정도는 미리 깎아서 준비해 가면 좋아요. 만약 다음 날까지 가져가야 하는 준비물이 있다면 필통과 함께 가방에 넣어 두면 됩니다.

이렇게 매일 내일을 준비하는 과정이 아이의 몸에 익게 되면 자기 일을 스스로 관리하는 태도가 길러집니다.

⚇ 실내화 빨아 주기

요즘은 학교 방침상 실내화 가방을 두고 다닐 수 있게 하는 학교가 많습니다. 수업이 끝난 뒤 돌봄교실, 학원, 방과 후 학교 등 이곳저곳 다니는 아이들의 손을 가볍게 해 주기 위한 취지죠. 그런데 예상치 못한 부작용이 있습니다. 부모님이 아이의 실내화를 볼 수 없으니 종종 실내화 관리가 전혀 안 되는 아이들이 생기기 시작한 것입니다.

만약 아이가 활달한 편이라면 활달한 주인을 따라다니느라 실내화는 금세 거뭇거뭇해집니다. 고무 재질이라 통풍이 좋은 소재는 아니기에 여름이 되면 땀도 잘 찹니다. 따라서 실내화를 학교에 두고 다니더라도 한두 달에 한 번은 꼭 세탁을 해 주세요. 위생과 청결을 위해서뿐 아니라, 아이들의 발이 부쩍부쩍 잘 자라는 시기이기에 불편한 점은 없는지 확인해 볼 수도 있습니다. 자기 몸에 예민하지 않은 아이들이라서 발이 아플 때까지 실내화를 신는답니다. 어른들이 실내화 사이즈를 한 번씩 체크해 주는 것이 필요해요.

🍚 아침 거르지 않기

유치원, 어린이집을 다니던 시기에 아이들은 '간식 시간'을 가졌습니다. 대부분의 유아 기관에서는 오전, 오후 간식을 먹는데 오전 간식은 10시쯤에 먹습니다. 이렇게 끼니 사이에 간식을 먹어 오던 아이들이니 초등학교에 막 입학한 3~4월에는 교실에서 간식을 많이 찾습니다.

"선생님, 배고파요."

"밥 언제 먹어요?"

선생님에게 이런 이야기를 하는 것은 자연스러운 일입니다. 그동안 규칙적으로 먹어 왔으니 자연스럽게 먹을 것을 찾는 것이죠.

그런데 학교에 적응하는 3~4월이 지나고 나서도 계속 이런 말을 하는 아이들이 있습니다. 유독 배고프다는 얘기를 자주 하는 아이들과 이야기를 하다 보면, 대부분이 아침에 아무것도 먹지 못하고 왔다는 걸 알게 됩니다.

물론 아침마다 아이들을 깨우고 씻겨서 학교에 보내기도 바쁜데, 밥까지 먹이기는 쉽지 않습니다. 맞벌이를 하는 부모라면 내가 출근하고 아이가 등교하는 것만 해도 다행인, 말 그대로 전쟁 같은 아침을 매일 마주하게 됩니다. 맞벌이가 아니더라도 아이를 깨워서 등교까지 시키는 건 참 녹록지 않은 일입니다.

집집마다 매일 반복되는 바쁜 아침이지만 삶은 달걀이나 빵, 떡, 과일 등 간단하더라도 무엇이든 아침거리로 먹고 오는 것이 좋습니다. 밤부터 그다음 날 점심까지 아무것도 먹지 못하면 생각보다 꽤 오랜 시간 동안 빈속으로 지내는 셈입니다. 틈틈이 간식을 챙겨 먹던 아이들이 아침부터 점심까지 빈속으로 버티기는 어려운 일이에요. 성장기의 아이들이기에 더 많은 영양소가 필요하기도 하며, 학교에 와서 많이 배고파합니다. 그렇다고 점심을 양껏 먹지도 않습니다. 어린아이들은 한 끼로 먹는 양이 많지 않기 때문이죠.

밥과 국, 반찬으로 든든히 먹고 오는 것도 좋지만, 꼭 그렇게 차려진 아침이 아니어도 괜찮습니다. 간단하더라도 규칙적으로 아침을 먹고 오는 어린이가 더 큰 행복감을 느낀다는 연구 결과도 있습니다. 아이의 성장과 행복감을 위해 과일, 삶은 달걀, 떡, 빵 등 간편식으로라도 아침을 챙기며 활기차게 하루를 시작할 수 있도록 도와주세요.

아이의 교우 관계에서 최소한 알아 둘 것

아이가 학교에 들어가면 부모로서 자연스럽게 아이의 교우 관계에 관심이 갑니다. 친구들과 관계 형성을 잘하고 있는지, 혹 따돌림이 있지는 않은지 하는 걱정 어린 시선이 많습니다. 그러다 보니 종종 지나치게 아이의 친구 관계에 관여하는 학부모도 있습니다.

반면에 아이의 교우 관계에 대해 거의 알지 못하는 경우도 있습니다. 의도하지 않아도, 본인의 삶과 일이 바쁘게 흘러가다 보니 아이가 먼저 이야기하지 않으면 학교에서 누구와 놀고 어떻게 지내는지 잘 모르는 것이죠. 아이와 마치 한 몸처럼 아이의 친구 관계에 대해 모두 알려

하고 대신 행동하는 것도 문제이지만 초등학교 1학년 자녀의 교우 관계에 대해서 전혀 모르는 것도 바람직하지 않습니다.

아이가 학교생활에 대해 잘 얘기하지 않는다면 더더욱 알 길이 없습니다. 그러다가 오랜만에 아이와 학교생활 이야기를 하다 보면 이런 식으로 진행되기 쉽습니다.

"오늘 학교에서 재미있게 지냈어?"

"응. 오늘 짝꿍이랑 팔씨름했는데 이겼어."

"수영이랑?"

"수영이는 유치원 때 친구고."

"아…… 그래?"

관심을 갖고 오랜만에 적극적으로 대화해 보려고 했는데 머쓱한 일이 생깁니다. 이런 대화를 방지하려면 적어도 아이가 반에서 어떤 아이와 친한지는 알고 기억해 두는 것이 좋습니다. 부모님에게 학교에서 있던 일이나 친구 얘기를 했는데, 자신의 이야기를 전혀 기억을 못 하는 것 같으면 아이는 대화의 효용을 잃어버립니다.

가장 친한 친구, 종종 같이 노는 친구들의 이름, 이번에 바뀐 짝꿍의 이름, 아이가 먼저 말해 줬던 에피소드 몇 가지. 이 정도만 기억해도 아이와 대화를 나누기가 훨씬 수월해집니다. 아이의 관심사에 대해 부모가 어느 정도 배경지식을 갖고 있으면 대화가 매끄러워지죠. 아이 입장에서도 부모님이 꼬치꼬치 캐묻는 것이 아니라 관심을 가지고 자신과 얘기한다는 느낌을 받을 수 있습니다.

그 밖에 아이의 안전을 위해 알아 둘 부분이 있습니다. 아이의 성격에 따라 다르지만 서로의 집에 자주 놀러 가는 아이들이 있을 겁니다. 친한 친구 집에 자주 놀러 간다면, 아이의 안전을 위해서 그 친구의 집이 어디인지 알아 두어야 합니다.

집에 자주 드나드는 사이이고 아이 친구 부모님이 허락한다면 친구 부모님의 연락처를 알아 두는 것도 좋습니다. 아이 친구 부모님과 절친한 사이로 지내라는 것이 아닙니다. 아이들이 아직 어리기에 서로의 집을 오고 갈 때 필요한 것이나 머물 시간 등을 알맞게 결정하기 어렵습니다. 보통 만 7세 아이들은 휴대폰이 없는 경우도 많고, 있어도 적절하게 사용을 못 하기도 합니다. 부모님에게 허락받지 않고 친구 집에 가기도 하고 거기에서 너무 오랜 시간을 보내기도 하죠.

이럴 때 부모님의 연락처를 알면 이야기를 주고받으며 아이의 안전을 살피고 다른 집에 폐를 끼치지 않게 배려할 수 있습니다. 우리 아이가 자주 놀러 가는 친구 집이 있다면 아이를 통해서 조심스럽게 연락처를 물어보세요.

PART
2

학부모의
고민 상담 ①

선생님과의 관계가 어려워요

3월, 아이에 대해
어디까지 말해야 할까요?

　첫 담임선생님에게 우리 아이에 대해 어디까지, 어떻게 이야기해야 할지 고민하는 부모님들이 있습니다. 아이의 사정에 대해 미리 이야기 했다가 혹여나 담임선생님이 선입견을 갖고 아이를 볼까 봐 걱정되기도 하죠. 또 괜히 이런저런 이야기를 해서 담임선생님을 번거롭게 하는 것은 아닐까 조심스럽기도 하고요. 예비소집 때나 3월 입학식 때 신입생 기초조사서를 받으면 뭐라고 쓸지 막막한 마음입니다.

　모든 것을 담임선생님에게 밝혀야 하는 것은 아닙니다. 얘기하고 싶지 않은 것은 이야기하지 않아도 됩니다. 그래도 부모님이 다음과 같은 특징들은 담임선생님에게 전달해 주면 도움이 됩니다.

2024학년도 신입생 기초조사서

<table>
<tr><td rowspan="2">학생</td><td>이 름</td><td>(한글)</td><td></td><td>학생 생년월일</td><td colspan="2">년 월 일</td></tr>
<tr><td>현거주지 주소
(도로명주소)</td><td colspan="5">자세하게 적어주세요.</td></tr>
</table>

가족	관계	이름

본교 동거 가족 학생(형제자매)	( )학년 ( ) 반 이름 ( ), ( )학년 ( ) 반 이름 ( )

주 연락처 1	관계	연락처	주 연락처 2	관계	연락처

↳ 학생이 아프거나, 학생에 대한 상담이 필요할 때, 먼저 연락할 번호 주 연락처1에 적어주세요.

입학 전 교육경력	_____ 어린이집(년 개월), _____ 유치원(년 개월) _____ 학원(년 개월)

기초학습 영역

<table>
<tr><td rowspan="4">기초학습
능력정도</td><td colspan="3">국어(낱말, 문장)
(할 수 있는 경우 O 표시)</td><td colspan="4">수학
(할 수 있는 경우 O 표시)</td></tr>
<tr><td>ㄱ, ㄴ, ㄷ과
같은 자음 모음</td><td>읽기</td><td>쓰기</td><td>1부터
5까지</td><td>읽기</td><td>쓰기</td><td>셈하기
(더하기 빼기)</td></tr>
<tr><td>받침이 없는
글자</td><td></td><td></td><td>5부터
10까지</td><td></td><td></td><td></td></tr>
<tr><td>받침이 있는
글자</td><td></td><td></td><td>10부터
50까지</td><td></td><td></td><td></td></tr>
<tr><td></td><td colspan="7">학생들이 가지고 있는 배경지식을 알기 위해 조사하는 것입니다.
혹시 잘못한다고 걱정하지 마세요. 앞으로 선생님과 한글과 수학을 처음부터 천천히, 차근차근 배우게 됩니다.</td></tr>
</table>

<table>
<tr><td rowspan="5">방과후
활동</td><td colspan="2">학원, 공부방, 학습지 등
(요일도 써주세요.)</td><td colspan="2">흥미와 소질</td></tr>
<tr><td>1</td><td></td><td>잘하는 것 (특기)</td><td></td></tr>
<tr><td>2</td><td></td><td>즐거하는 것 (취미)</td><td></td></tr>
<tr><td>3</td><td></td><td>어려워하는 것은?</td><td></td></tr>
<tr><td>기타</td><td></td><td>1학년 때 배우고 싶은
것은?</td><td></td></tr>
</table>

※ 뒷장도 있습니다. ^^

아이가 바라는 장래희망		피해야 할 음식 (알레르기 등)	
부모님이 바라는 아이 장래희망		친한 친구들 이름	

학교가 끝난 뒤에 어떻게 하교하나요?	
신체 발달 상황 및 그 밖의 부탁말씀	

(학생의 급식지도 사항, 학생의 건강상태 등)

개인정보의 수집 및 이용 동의서

수집하는 개인정보 항목	개인정보의 수집·이용 목적	개인정보 보유 근거 및 개인정보의 이용기간	이용기간이 경과한 후 처리방법
아동 성명, 주소, 생년월일, 보호자 성명, 관계, 본교형제관계, 어린이 성격 및 발달 특성, 집 전화번호, 학생과 학부모 휴대 전화 번호	학교생활기록부 기재를 위한 기초자료 조사 및 담임의 교육적 지도를 위한 사항 파악	- 초중등교육법 제25조, 학교생활기록의 작성 및 관리에 관한 규칙 제3조 - 1년 (2024.03.04~ 2025.02.28)	이용기간 경과 후 문서분쇄기로 파기

위와 같은 개인정보수집·이용에   동의함   /   동의하지 않음

(해당 부분에 동그라미 표시 해주세요)

보호자 성명 : _____ (서명)   *학생과의 관계 : _____

(빈칸에 이름을 쓰시고, (서명)위에도 다시 한 번 이름을 써주세요)

※만 14세 미만의 경우, 법적대리인의 동의가 필요합니다.)

신입생 기초조사서

⦙ 아이의 병력 및 알레르기

세상 모든 어린이가 건강하게 자라 준다면 더 바랄 것이 없지만, 많은 아이가 아픈 시기를 지나며 자라기도 하죠. 학교에서 긴 시간 아이와 함께 생활하는 담임선생님에게 아이의 질병 상황에 대해 정확하게 알려 주는 것은 반드시 필요한 일입니다. 이처럼 아이의 병력이나 알레르기 가운데서도 꼭 이야기해야 하는 몇 가지를 살펴보도록 하겠습니다.

관리가 필요한 질병 및 알레르기

흔히 소아 당뇨라고 불리는 제1형 당뇨병처럼 꾸준한 투약이 필요한 질환, 그리고 뇌전증, 천식, 지혈되지 않는 병 등의 특정 상황이 발생할 가능성이 있는 경우는 주변 어른들이 시급하게 대처해야 하니 반드시 알려 주세요. 또한 담임선생님이 의료 전문가가 아닌 만큼 긴급 상황에 어떤 조치를 취해야 하는지 대처 방법도 설명해 주면 좋습니다.

이런 사항들은 일상생활에서 살펴야 하는 일이며 아이의 안전과 직결되어 있기에 반드시 입학식 날에 바로 이야기해야 합니다. 또한 가벼운 알레르기를 가진 아이도 있지만, 갑각류, 달걀, 견과류 등 특정 음식에 심각한 알레르기 증상이 있어 일상생활에서 세밀한 케어가 필요한 아이도 있습니다. 특히 학교에서는 점심 식사도 하고 아이들에게 보상으로 초콜릿이나 젤리를 주는 경우도 있기에 알레르기가 있다면 담임선생님에게 알리는 것이 필요합니다.

부모님은 일상생활 속에서 꼭 지켜야 하는 수칙, 치료 상황, 학교에서 도와줬으면 하는 부분을 자세하게 전해 주어야 합니다. 물론 초등학교에서는 한 명의 담임선생님이 서른 명에 가까운 아이들을 보살피고 있기에 부모님이 바라는 모든 것을 다 맞춰 주기 어려울 수는 있습니다. 그리고 안타깝게도, 그동안 어른들의 말을 잘 듣고 건강 수칙을 지키던 아이도 자아가 강해지면서 초등 시기부터는 잘 따르지 않기도 합니다. 그래서 이때부터 아이 건강 관리에 어려움을 겪는 부모님들이 많습니다. 부모님들은 이런 사정을 고려하여 아이의 건강을 위해 반드시 지켜야 하는 것들 위주로 담임선생님에게 전달하고, 타협이 가능한 부분도 공유하기를 바랍니다.

시력

안경 착용 시 어느 정도 시력 교정이 되는 일반적인 근시일 경우에는 담임선생님에게 전달하지 않아도 됩니다. 그러나 안경을 써도 시력이 교정되지 않는 경우가 있습니다. 교정시력이 평균 이상으로 나오지 않아 칠판의 글씨나 텔레비전 화면이 보이지 않는 것이죠. 이럴 경우, 미리 알려 주면 아이의 자리 배치 등을 배려할 수 있습니다.

사시 교정 등으로 안경을 쓰는 경우에는 평소 별다른 대처가 필요하지는 않지만 담임선생님이 미리 알고 참고하면 좋을 특징입니다.

ADHD(주의력결핍 과다행동장애)

아이가 ADHD로 약을 복용하는 사실을 학기 초반에는 이야기하지 않다가 학기 중간에 일이 생기면 이야기하는 경우가 왕왕 있습니다. 미리 얘기하시는 것이 좋습니다. 약으로 아이의 행동이 잘 조절되고 있더라도 아이에 대해 담임선생님이 잘 모르고 있으면 아이의 행동을 이해하기 어렵겠지요. 오히려 선생님이 알아야 그에 대해 미리 예상하고 대처할 수 있습니다.

선생님과 이런 점들을 공유해 주세요.

① ADHD 진단은 언제, 어떤 계기로 받게 되었는가?

② 아이가 유난히 집중하기 힘들어하는 경우는 언제인가?

③ 아이가 좋아하고 쉽게 집중하는 활동, 과목, 취미 등은 무엇인가?

ADHD라고 해서 증상이 다 같지 않습니다. 아이 한 명 한 명이 조금씩 다릅니다. 아이의 특성에 맞추어 선생님이 환경이나 수업을 조정할 여지가 생기게끔 아이의 패턴에 대해 정보를 나누면 1년간의 지도에 도움이 됩니다.

또한 복용량이나 약의 종류가 바뀌는 경우에도 선생님과 공유하기를 권합니다. 자라는 아이의 행동 변화에 따라 병원에서는 약이나 복용량을 조정합니다. 그런데 복용량이나 약의 종류가 바뀌면 아이의 학교생활에도 변화가 생길 수 있습니다.

이럴 때는 담임선생님에게 전달받은 아이의 상황과 행동을 바탕으로 병원과 의견을 나눠 약을 조절할 수 있습니다. 또한 담임선생님도 아이의 변화를 예민하게 감지하고 미리 대비합니다.

    당부하고 싶은 것은, 부모님은 아이가 자신의 몸을 스스로 관리하는 법을 배우고 생활 속에서 하나씩 실천할 수 있도록 가르쳐 주어야 한다는 점입니다. 제1형 당뇨, 천식 등 일상생활에서 관리해야 하는 병이나 알레르기가 있는 아이들은 더욱이 자신을 보호하는 방법을 알아야 합니다. 예를 들면 아이가 알레르기를 일으키는 음식들을 알고 스스로 가려 먹을 수 있게 가르쳐 주어야 합니다.

    현실적으로, 초등학생이 되면 부모님이나 선생님이 함께하지 않는 시간이 조금씩 늘어납니다. 방과 후 학원에 가는 시간처럼 아이들끼리만 있는 상황들이 많아지는 것입니다. 유아 시기부터 조금씩 익혀 두어야 초등학생이 되어 친구들끼리 있을 때에도 스스로 판단하고 행동할 수 있습니다.

    아이들이 자라는 과정에서 크고 작게 아픈 만큼 좀 더 단단하고 씩씩해질 것입니다. 부모님과 담임선생님이 서로 상황을 공유하면, 아이가 단단하게 자라는 동안 아이를 지키고 보호하는 안전한 울타리가 되어 줄 수 있습니다.

대소변 실수가 잦은 아이

초등학교 들어오기 이전 해에 대소변 실수가 잦은 아이가 있습니다.

아이들의 몸속에 있는 대소변 관련 기관도 발달 중이기 때문입니다. 키 크는 시기가 아이들마다 다른 것처럼 대소변 관련 내장 기관들도 다른 속도로 성숙해집니다. 또한 대소변 실수는 심리적인 요소에도 많은 영향을 받습니다.

그런데 이전 해까지 실수했다고 해도 초등학교 1학년이 되면 아이들 대부분이 실수 없이 화장실을 그때그때 잘 다녀옵니다. 학교라는 새로운 환경으로 바뀐 것이 심리적으로 좋은 영향을 주었을 수도 있고, 몇 달 차이지만 아이가 그사이에 많이 자랐기 때문이죠.

그럼에도 입학하기 이전에 대소변 실수가 잦았다면 담임선생님에게 아이의 상황에 대해 미리 얘기하시는 것이 좋습니다. 담임선생님이 아이의 급한 신호를 빨리 알아차리기 쉽기 때문입니다. 대소변 실수가 잦았던 아이라는 걸 알고 있으면, 아이가 화장실이 급하다는 신호를 보내거나 실제로 교실에서 실수했을 때 빠른 대처가 가능합니다. 아이에 대한 사전 지식이 없으면 한 박자씩 대처가 늦을 수밖에 없습니다.

선생님과 이야기를 나눠 보고 교실에 여벌 옷을 두는 것도 좋습니다. 1학년 아이들에게 여벌 옷을 가져오라고 하지는 않습니다. 수업 시간에도 화장실을 갈 수 있기에 드문 일이기는 하지만, 교실에서 한두 번 실수하는 아이들이 있습니다. 그런 경우 빠른 수습을 위해서 여벌 옷이 필요합니다. 특히 학교에 곧장 갈 수 없는 맞벌이 가정이라면 여벌 옷을 보내는 것이 어떨지 담임선생님과 이야기를 나눠 보세요.

🔊 이혼 등 가정 내 상황

가정 내에 여러 사정이 있는 경우, 담임선생님에게 말을 해야 하는지 부모님은 고민을 많이 합니다. 혹시나 담임선생님이 선입견을 가지게 되지는 않을지, 가정 내 상황이 소문으로 번지지는 않을지 염려하는 경우가 많습니다. 아이가 가정 내 상황으로 상처받을까 걱정이 되는 것이죠.

주저될 수 있겠지만 초등학교 1학년 때는 담임선생님에게 이야기하는 것이 좋습니다. 1학년 교육과정 중 통합교과에 '사람들' 단원이 있습니다. 이 시기에는 아이 주변의 사람들에 대해 배웁니다. 아이와 가장 가까운 사람들은 가족과 그 주변에서 사는 이웃들, 학원 선생님 등이 됩니다. 자연스럽게 가족에 대한 이야기가 자주 나옵니다.

이때 담임선생님이 반 아이들의 가정 상황을 잘 알고 있다면 그에 맞춰 가족 관련 수업 내용을 재구성합니다. 아이가 상처를 받지 않는 것이 중요하기 때문입니다. 가족에 대해서 다루지 않는다는 것이 아닙니다. '가족사진 가져오기' 과제를 낼 때도 '요즘에는 꼭 모든 가족이 모여서 사진을 찍지 않아요. 가족 중 한 사람만 나온 사진이어도 괜찮아요'와 같이 다양한 상황을 허용하고 다양한 가족의 사례를 먼저 자세히 설명하기도 합니다. 아이들이 서로의 상황에 대해 지나치게 민감하게 반응하지 않도록 수업을 구성하는 것이죠.

아이들은 가족과 관련된 이야기를 자주 합니다. 가정 상황에 대해서 불쑥 얘기할 때도 있습니다.

몇 년 전, 반 아이가 쉬는 시간에 친구들과 얘기하다가 "나 아빠 없다" 하고 말했습니다. 다행히 담임인 제가 주변에 있었고 아이의 상황을 알고 있던 터라 "그래? 선생님은 할아버지, 할머니가 안 계셔. 그래서 엄청 보고 싶은데"라고 얘기하며 공감 가능한 분위기를 만들 수 있었습니다. 이건 아이의 잘못이 아닙니다. 어린아이들은 자기 상황에 대해서 솔직하게 말합니다. 자연스러운 행동입니다. 나쁜 것도 아닙니다. 다만 그 상황에 대한 주변의 반응이 가장 중요한데, 그 반응에 교사가 큰 영향을 줍니다. 선생님이 아이의 상황을 알고 있으면 그때그때 아이가 상처를 받지 않도록, 자연스러운 분위기로 유도하며 배려할 수 있습니다.

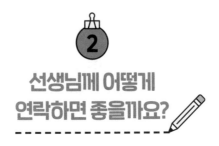

선생님께 어떻게
연락하면 좋을까요?

"초등학교에 들어갔더니 선생님 연락이 없어요. 원래 이런가요?"

인터넷 커뮤니티에서 이런 내용의 글을 읽은 적이 있습니다. 첫아이를 초등학교에 보냈는데 선생님과 연락할 일이 없어 당황스럽다는 얘기였죠. 어린이집, 유치원과 초등학교의 가장 큰 차이점은 '방학 기간이 너무 길다는 점' 다음으로 '선생과 연락을 안 한다는 점'이라는 댓글도 있었습니다. 그때 아이를 먼저 키워 본 엄마 아빠가 달아 준 여러 댓글 중 하나가 눈에 띄었습니다.

"학교는 무소식이 희소식이에요."

학교만큼 그 말이 잘 맞는 곳이 있을까 싶습니다. 종종 담임선생님이 아이의 잘한 점, 칭찬받을 일을 부모에게 전달하는 경우도 있지만,

대부분은 아이가 다쳤거나 아이들끼리 문제가 발생해서 그 내용을 알리기 위해 연락할 때가 많습니다. 연락이 안 온다는 얘기는 다치지도 않았고, 보호자에게 전달할 만큼 큰일도 없었다는 뜻이죠.

초등학교 1학년 학부모가 된 제 지인이 아이가 아파서 결석할 때만 선생님과 연락한다고, 원래 그런 거냐고 묻기에 이렇게 대답했습니다.

"학교생활 엄청 잘하나 보네. 학교에서 연락하면 거의 사건 사고 생긴 거야."

보통 일이 생기면 연락을 합니다. 연락이 따로 없다는 것은 아이가 아이답게, 학생답게 잘 지내고 있다는 뜻이니 한시름 덜어도 좋습니다.

담임선생님과 연락하는 일이 별로 없다 보니, 어떤 부모님들은 아예 연락하지 않는 것이 선생님을 도와주는 것이라고 생각하기도 합니다. 오히려 먼저 선생님에게 연락하는 것을 주저하는 부모님도 있습니다. 선생님과 의논해야 할 일이 생겨도 '에이, 좀 참는 게 낫지. 요즘에는 학부모가 연락을 안 하는 게 낫대'라고 생각하며 혼자 마음 앓이 하는 것이죠. 물론 초등학생이 되었으니 아이의 일은 아이가 선생님께 직접 말씀드리는 것이 우선입니다.

그러나 어떤 일들은 아이의 보호자로서 학부모가 담임선생님과 함께 의논하고, 선생님의 도움을 받아야 하기도 합니다. 선생님과 상의하면 초반에 해결될 일인데, 길게 끌고 가게 되기도 하거든요. 그러면 어떤 점들을 선생님과 어떻게 이야기 나누면 좋을까요?

🔵 전반적인 수업 태도와 학교생활

학부모 상담 주간이나 수시 상담을 활용하여 아이의 수업 태도나 학교생활에 대해서 궁금한 부분을 담임선생님에게 적극적으로 문의할 수 있습니다.

"선생님, 안녕하세요. 동동이 아빠(엄마)입니다. 다름 아니라 동동이가 학교에서 수업은 잘 듣고 있는지, 또 아이들과는 잘 지내고 있는지 걱정도 되고 궁금한 마음이 들어 연락드렸습니다. 동동이 학교생활에 대해 여쭤보고 싶은데, 괜찮을까요?"

다만 아이가 입학한 3월 초에는 궁금한 마음이 있어도 조금 기다리는 것이 좋습니다. 선생님도 아직 아이를 파악하는 도중이기 때문입니다. 학부모 상담이 시작되는 3월 중순이나 4월까지는 아이가 학교에 잘 적응하기를 가정에서 응원하며 기다려 주시기를 바랍니다.

🔵 교우 관계의 어려움에 대한 상담

학교생활을 하다 보면 친구들과 항상 사이좋게 지낼 수는 없습니다. 단짝처럼 잘 지내던 친구와 갑자기 다투기도 하고, 잘 맞지 않는 반 친구와 사사건건 부딪칠 수 있습니다. 아이는 그렇게 학교에서 불편한 상황들을 마주칩니다. 답답하고 화가 나는 마음에 아이가 집에 와서 세상에서 가장 믿을 만한 존재인 부모님에게 하소연을 합니다.

"아빠, 뒤에 앉은 윤호가 수업 시간에 머리를 때려요."

이런 말을 들으면 아이에게 티를 내지는 않아도 부모님의 심장은 쿵 떨어집니다. 머릿속에는 그동안 보았던 학교폭력 뉴스들이 휙휙 지나갑니다. 아이의 하소연을 들으니 어떻게 해야 하나 걱정도 되고 도움을 주어야겠다는 생각을 하게 됩니다.

"하은아, 윤호한테 하지 말라고 얘기는 했니?"

"했어요. 하지 말라고 한 번 한 거 아니고 처음 할 때도 하지 말라고 했고, 어제도 하지 말라고 했어요! 제가 말할 때는 안 듣다가 선생님이 보고 하지 말라고 하니까 멈췄어요. 근데 오늘 또 그래요. 진짜 싫어!"

이야기를 들어 보니 아이가 자기 의사를 상대방 아이에게 충분히 전달한 것 같습니다. 아빠는 당장이라도 윤호를 찾아가 그러지 말라고 하고 싶지만, 윤호도 만 7세 아이이고 어른이 찾아가서 남의 집 아이를 가르치는 것은 안 된다는 걸 압니다. 이런 순간에 떠오르는, 의논해야 마땅한 사람은 담임선생님이죠.

아이가 교우 관계에서 어려움을 겪고 있습니다. 어떻게 담임선생님에게 전달하는 것이 좋을까요? 사안의 경중에 따라서 달라집니다. 만약 한두 번 부모님에게 이야기하는 정도로 심각한 수준이 아니라면, 아이가 직접 선생님께 말씀드릴 수 있도록 지도하는 것을 권합니다.

"하은이가 많이 속상했겠다. 하은이가 선생님께 윤호에 대해서 말씀드리는 게 어떨까? 선생님은 하은이랑 윤호가 함께 있을 때 도와주실 수 있는 어른이야. 그리고 하은이가 선생님께 말씀을 안 드리면 하은이가 이렇게 힘들어하는지 잘 모르실 수 있어. 내일 아침에 선생님께 가서 윤호랑 있었던 일을 다시 한번 말씀드리고 도와 달라고 해 보자."

이렇게 이야기를 해 주고, 부모님이 선생님 역할을 맡아 아이와 함께 연습해 보세요. 부모와 미리 말하기 연습을 하고 오면 아이가 선생님에게 자신의 의견을 전달하는 데 자신감이 생깁니다. 아이가 스스로 자신의 의견과 어려움을 전달할 수 있도록 격려해 주는 것이 필요합니다. 처음부터 '그래? 그럼 아빠가 내일 선생님한테 전화해 볼게' 하면서 바로 해결해 준다면 아이는 스스로 해결해 보려는 시도조차 하지 못합니다.

아이가 이미 선생님께 말씀도 드렸고, 여러 차례 힘듦을 호소한 상황이라면 부모가 나서야 할 순간입니다. 담임선생님에게 어떤 상황인지 알아보고 또 아이의 어려움을 전달하며 어떻게 하면 좋을지 함께 의논해 봅니다. 담임선생님은 그 상황을 가장 가까이 지켜보고 있는만큼 아이가 부딪친 문제에 대해 부모님에게 자세히 설명해 줄 수 있습니다. 초등학교 1학년 아이들은 자신의 관점에서 이야기하기 때문에 담임선생님이 파악한 보다 객관적인 상황과 상대방 친구의 입장을 들어 보아야 합니다. 사실 가장 중요한 것은 교실에 있는 유일한 어른이기에 문제 해결을 위한 도움을 받을 수 있다는 것입니다. 담임선생님에게 상담을 요청하여 미리 약속을 잡는 것이 좋습니다.

"선생님, 안녕하세요. 하은이 아빠입니다. 아이 친구 관계로 상담드리고 싶은 것이 있습니다. 언제 말씀드리면 좋을지 궁금하여 연락드립니다."

이런 식으로 연락하여 의논하고 싶은 내용을 간단히, 또는 자세히 남겨 두면 자연스럽게 상담 약속을 잡을 수 있고, 담임선생님도 미리 사안에 대해서 조사한 뒤 부모님과 상담할 수 있어 훨씬 효율적입니다.

이후 면담 시간이 정해졌다면 상담의 원활한 진행을 위해 상담하고자 하는 내용을 정리해 두세요. 준비 없이 상담하게 되면 두서없이 말이 나오기 마련입니다. 꼭 이야기해야 하는 것 두 가지 정도는 미리 생각해 두면 좋습니다.

① 상담하게 된 원인: 아이에게 듣게 된 이야기
② 아이의 부모로서 바라는 점

아이가 언제부터 어려움을 토로했는지 자세히 얘기해 주세요. 가정과 아이가 했던 노력에 대해서도 덧붙이면 선생님이 더 상세한 도움을 줄 수 있습니다.

"선생님, 안녕하세요. 하은이 아빠입니다. (인사말)

다름 아니라 하은이가 며칠 전부터 수업 시간에 뒤에 앉은 윤호가 머리를 때린다고 하더라고요. 이야기를 들어 보니 하지 말라고 해도 계속 한다고 해요. (들은 이야기)

윤호에게 하지 말라고 정색하고 말하는 연습도 저하고 몇 번 했는데

아직은 효과가 없는 것 같더라고요. (가정에서의 노력)

어떻게 하면 좋을지 선생님께 상의드리고 싶어서 전화드렸습니다."

그리고 아이에게 듣게 된 이야기를 전하며 마지막에 마법의 멘트 하나를 덧붙여 주세요.

"선생님, 저는 하은이가 얘기한 것만 들어서요. 제가 혹시 더 알아야 할 게 있으면 말씀해 주세요."

이렇게 부모가 아이에게 들은 이야기만으로 상황을 판단하지 않고 있다는 사인을 주면 한결 더 부드럽게 상담이 진행됩니다. 실제로 담임선생님에게 그 뒷이야기를 듣게 될 수도 있습니다. 예를 들면 하은이가 윤호를 엄청 미워하는 줄 알았는데, 윤호와 생각보다 친한 사이이고 하은이가 먼저 수업 시간에 윤호의 학용품을 가져가는 장난을 했다는 얘기를 들을 수도 있는 것이죠.

이런 이야기를 들으면 머쓱해지면서 '왜 우리 딸은 솔직하게 얘기를 안 했을까……' 하는 생각이 들 겁니다. 하지만 이 시기의 아이들은 원래 자신을 중심으로 이야기합니다. 그 때문에 본인이 잘못했다고 생각하는 건 작게 말하거나 아예 하지 않는 것이죠. 또 그때는 싫었는데 지금은 좋을 수도 있습니다. 어린아이니 그럴 수 있고, 나쁜 의도는 아니니 너무 걱정하지 마세요. 아이 주변에 있는 어른들은 그런 점을 고려해서 아이의 이야기를 듣고, 중요한 일이 있을 때 어른들끼리 서로서로 알아보면 됩니다.

이후 아이의 부모로서 바라는 점을 얘기하고 아이와 긴 시간을 보낼 선생님에게 부탁하면 됩니다.

"선생님, 수업 시간에 하은이랑 윤호 한번 더 살펴봐 주시면 감사하겠습니다."

다시 한번 말씀드리자면, 아이의 교우 관계에 어려움이 있을 때 먼저 아이가 자신의 어려움을 선생님에게 전달할 기회를 주어야 합니다. 그 이후에도 아이가 계속 어려움을 겪는다면 담임선생님과 상담 약속을 잡고 의논하면 됩니다.

선생님은 교실 안에서 우리 아이를 직접 도와줄 수 있는 어른입니다. 가정에서 아이와 끙끙 앓으며 고민하는 대신 담임선생님과 이야기를 나눠 보세요.

학교 일정이나 방과 후 학교, 돌봄교실 등 학교 전반에 대한 문의

자녀를 처음 학교에 보내는 초보 초등 학부모라면 초등학교에 대해 모르는 것이 많습니다. 학교 전반의 궁금한 사항들에 대해 알기 위해서는 학교에서 보내는 안내장을 꼼꼼히 읽는 것이 가장 좋은 방법입니다. 요즘에는 환경오염과 분실에 대한 염려 때문에 종이 안내장 대신 'e알리미' '하이클래스' 등 소통 앱을 통해 안내장을 보내는 학교가 많고, 설문 조사와 방과 후 학교 신청도 앱을 통해 이루어집니다.

그런데 아이의 상황에 따라 자세한 내용을 문의해야 하는 경우가 있습니다. 예를 들어, 방과 후 학교를 중간에 그만두게 되었을 때 일부 환불이 가능한지, 학교에 등록해 둔 자동이체 통장이나 신용카드를 어떻게 바꿔야 하는지, 휴가 일정 때문에 아이의 돌봄교실 방학 일정을 미리 알 수 있는지 등 소소한 문의가 필요한 상황이 생깁니다.

학교도 일하는 곳이다 보니 각자 역할이 나뉘어 있어서 담임선생님이 자세한 내용들을 다 알지 못합니다. 선생님이 몇 다리 거쳐서 알아본 뒤 다시 연락을 주니 부모의 입장에서는 왜 이렇게 시간이 오래 걸리는지 답답할 수 있습니다.

가장 빠른 방법은 돌봄교실, 늘봄학교, 방과 후 학교, 행정실 등 직통 연락처로 바로 문의하는 것입니다. 사실 학교 관계자가 아니라면 이런 내용을 잘 모릅니다. 저도 교사가 되고 나서 알게 된 것이니까요. 부모님도 세세하게 기억할 필요는 없습니다.

다만 아이가 돌봄교실, 늘봄학교, 방과 후 학교를 다니게 된다면 연락처를 미리 저장해 두는 게 좋습니다. 돌봄교실, 늘봄학교, 방과 후 학교는 방과 후 프로그램들입니다. 이 세 곳은 아이의 출석이나 하교 문제도 있어서 1학년 시기에는 연락할 일이 생각보다 많답니다. 급할 때 찾으면 꼭 안 찾아지는 게 연락처더라고요. 미리 저장해 두세요.

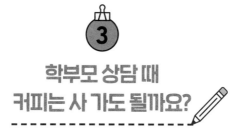

학부모 상담 때
커피는 사 가도 될까요?

김영란법 지키기

"학부모 상담 때 커피라도 한잔 드리고 싶은데, 사 가도 될까요?"

이런 고민을 하는 분들이 있는데, 결론부터 말씀드리면 '안 됩니다'. 흔히 김영란법으로 알려진, '부정청탁 및 금품 등 수수의 금지에 관한 법률(청탁금지법)'에 따라 불가능합니다.

김영란법에는 ① 금품 수수 금지, ② 부정청탁 금지, ③ 외부강의 수수료 제한이라는 세 가지 중요한 내용이 있습니다. 그중 세 번째인 '외부강의 수수료 제한'은 공직자가 외부기관으로 강의나 강연을 나갔을 때, 강의에 대한 보수나 수수료를 제한된 금액으로 받아야 한다는 뜻입니다. 보통 '외부강의 수수료 제한'은 교사와 학부모 관계에는 해당

되지 않습니다. 학교 내 담임선생님과 학부모의 관계에는 '금품 수수 금지'와 '부정청탁 금지'가 주로 적용됩니다.

금품 수수 금지

담임교사가 학부모에게 금전적인 가치가 있는 물품 또는 실제 돈을 받으면 안 된다는 것입니다. 원칙상 약간의 금전적인 가치, 즉 1원의 가치라도 있으면 안 됩니다. 따라서 상품권과 같은 유가 증권이나 지폐 등 현금은 안 됩니다.

부정청탁 금지

학부모가 담임교사에게 부정한 청탁을 해서는 안 된다는 것으로, 학생의 수상, 포상 선정, 학교의 입학 및 성적 처리 등 원칙상 안 되는 것들을 부탁하는 경우를 말합니다.

처음 김영란법이 시행되었을 때, 이 중 금품 수수와 관련하여 학교에 많은 혼란이 있었습니다. 되는 것과 안 되는 것의 기준이 애매하기 때문입니다.

정리하자면 학생, 학부모와 직무 관련성이 있는 선생님은 금전적인 가치가 있는 물품이나 돈을 일체 받아서는 안 됩니다. 또한 학생과 학부모는 담임선생님에게 그 학생만 예외가 되거나 유리하게 만드는 부적절한 청탁을 해서는 안 됩니다. 이것만 기억하시면 여러 사례들을 판단하기가 단순해집니다. 실제 상황에서 자세히 보겠습니다.

아이와 직무 관련성이 있는 학교 내 존재는 담임선생님과 수업에 들어오는 교사(전담교사), 돌봄 전담사, 방과 후 강사, 그리고 교장, 교감과 같은 관리자입니다. 이들은 가격과 상관없이 학생과 학부모에게 무엇도 받아서는 안 됩니다. 금전적 가치가 1원이라도 있으면 안 됩니다.

그래도 괜찮겠지, 라는 생각으로 담임선생님에게 금품을 보내거나 몰래 놓고 가면 원칙적으로 교감선생님에게 학부모를 보고(신고)하게 되어 있습니다. 서로 곤란한 상황이 생길 수 있기 때문에 김영란법에 대해 알고 있는 것이 좋습니다.

원칙만 들으면 실제와 동떨어지게 느껴질 수 있습니다. 학교에서 벌어질 수 있는 간단한 상황을 바탕으로 Q&A를 통해 설명해 보겠습니다. 내 아이 일상과 가장 밀접한 관련이 있는, 담임선생님 및 수업에 들어오는 교사(영어, 체육 선생님 등)와의 상황입니다. 학교와 교실에서 학부모가 헷갈릴 수 있는 상황을 정리해 보았습니다.

Q1. 체험학습 날 담임선생님 도시락 싸 드려도 되나요?

예전에는 소풍 날 담임선생님께 반장 어머니가 솜씨를 발휘해 도시락을 싸 드리곤 했죠. 반장 어머니가 아니어도 많은 부모님이 학교로 도시락을 하나 더 보내곤 했습니다. 그러나 지금은 안 될 이야기입니다.

직접 만든 음식이라 해도, 그 도시락에는 금전적인 가치가 있다고 판단합니다. 특히 도시락을 받는 사람이 아이의 출결과 성적을 담당하는 담임선생님이기 때문에 절대 안 됩니다.

담임선생님의 입장에서는 그대로 돌려보내야 하며, 금품 수수 금지법 관련으로 교감선생님에게 보고를 해야 합니다.

Q2. 담임선생님에게 아이가 만든 종이접기나 직접 쓴 편지를 선물해도 되나요?

아이가 직접 만든 종이접기나 직접 쓴 편지는 괜찮습니다. 아이가 쓴 삐뚤빼뚤한 글씨 속에는 아이의 마음이라는 더 큰 가치가 담겨 있지만, 법과 유권해석은 금전적인 가치는 없다고 판단하기 때문입니다.

Q3. 학급에서 과자 파티 할 때 우리 아이 과자랑 같이 선생님 과자를 챙겨 보내도 될까요?

안 됩니다. 선생님이 먹을 과자나 사탕을 아이 편으로 보내는 부모님들이 종종 있습니다. 하지만 과자도 금전적인 가치가 있는 물건이기 때문에 모두 거절합니다. 만약 과자 파티에서 선생님이 먹고 싶다면, 선생님이 개인 과자를 챙겨 와야 합니다.

Q4. 담임선생님에게 SNS의 선물하기로 커피 쿠폰 하나 보내 드려도 괜찮을까요?

안 됩니다. SNS의 커피 쿠폰도 금전적인 가치가 있는 물품입니다. 담임선생님의 입장에서 학부모님의 선물하기에 거절의 말을 보내기가 참 죄송스럽습니다. 그러나 마음만 받고 하단의 '거절하기' 버튼을 눌

러야 합니다. 또한 학부모님이 '금품 수수 금지' 사항을 어겼기에 담임선생님은 원칙상 교감선생님에게 이를 신고해야 합니다.

Q5. 담임선생님도 아니고 수업에 들어오지 않는, 이전 해 담임선생님에게 감사한 마음을 선물로 표현하고 싶은데, 괜찮을까요?

어린이집이나 사설 유치원은 김영란법이 해당되지 않기 때문에 선물을 받을 수 있습니다. 공직자이자 작년 담임선생님인 병설 유치원 선생님도 가능합니다. 학년이 올라가고 나서는 담임선생님이 아니기 때문에 직무 관련성이 없다고 판단하기 때문입니다. 같은 이유로 학년 진급 후 이전 해의 초등학교 담임선생님에게도 선물을 드릴 수 있습니다. 물론 금액이 엄격하게 제한되어 1인당 5만 원 안으로 가능합니다.

Q6. 우리 반 담임선생님을 포함해서 학년 선생님들 나눠 드시라고 롤케이크 하나 드려도 괜찮을까요?

담임선생님 혼자만을 위한 것이 아니라 여러 명의 학년 선생님이나 교무실에서 함께 나눠 드시라고 사 온 것이니 괜찮다고 생각하실 수 있습니다. 하지만 안 됩니다. 여러 명이 함께 받아도 안 된다고 청탁금지법에서 밝히고 있습니다.

Q7. "선생님, 지금은 못 하지만 제가 나중에 맛있는 것 사 드리겠습니다!"라고 말씀드려도 괜찮을까요?

안 됩니다. 부모님의 마음은 알지만, 그 말을 '약속'으로 볼 수 있기 때문입니다. 만약 담임선생님에게 감사한 마음을 전하고 싶다면, 그 마음 자체만 따뜻한 말로 전해 주세요.

Q8. 그럼 도대체 언제 뭘 드릴 수 있나요?

대부분의 상황에서 편지를 제외한 모든 물건은 안 된다고 알고 있으면 됩니다. 예외적으로 가능하다고 안내하는 두 가지 공식적인 사례가 있습니다. 하나는, 학급 대표가 공개적인 자리에서 카네이션 한 송이를 드리는 것은 가능합니다. 반드시 전달자가 학급 대표여야 합니다. 다른 하나는, 종업식 날 5만 원 이하의 선물이 가능합니다. 종업식과 함께하는 겨울방학식 때에만 선물을 할 수 있습니다. 그러나 여름방학식은 학년을 마친 것이 아니므로 선물을 하면 안 됩니다.

PART 3

학부모의 고민 상담 ②

우리 아이, 괜찮을까요?

아이들은 크고 작은 문제를 겪으며 성장합니다. 초등학교 1학년 시기도 예외는 아니죠. 초등학교에 입학한 아이들은 새로운 환경과 낯선 사람들 속에서 적응해야 합니다. 특히 기질적으로 민감한 아이들은 갑작스러운 환경 변화로 인해 큰 스트레스를 받으며 이전과 다른 행동을 보이기도 하지요. 적응을 잘하더라도 그동안 크게 문제 되지 않았던 행동이 학교에서는 문제 행동으로 지적받는 경우도 있습니다. 또한 요즘 학교폭력이 자주 이슈가 되면서 자녀의 학교 안 교우 관계에 대해 걱정하는 부모님도 많습니다.

1학년을 오랫동안 지도하다 보니 이 시기 학부모님들의 고민이 비슷한 양상을 보인다는 것을 발견하게 되었습니다. 아이의 초등 입학을 앞두고 있는 학부모님들에게 도움이 되기를 바라며, 그동안 들어왔던 실제 상담 사례들 중 반복되는 질문들을 추려 사연으로 각색해 보았습니다. 그리고 실제로 우리 반 학부모님에게 답변을 한다는 마음으로 드리는 조언을 함께 엮었습니다.

앞으로 학교생활에서 겪을 수 있는 문제를 미리 숙지하고 대비하려는 예비 초등 학부모님들에게 도움이 되기를 바랍니다. 비슷한 고민을 하는 학부모님들에게는 공감과 위로, 그리고 현실적인 조언을 드릴 수 있기를 기대합니다.

학교 가기 싫다고 해요

선생님, 아이가 학교에 가기 싫다고 아침마다 웁니다. 다른 아이들은 학교에 즐겁게 가는데 우리 아이는 아침마다 일어나서부터 학교 앞에 도착할 때까지 울며 안 가겠다고 떼를 씁니다. 어느 날은 무섭게 혼도 내고, 어느 날은 같이 울기도 했습니다. 인터넷에서 여러 정보도 찾아보며 이것저것 다 해 보고는 있는데, 여전히 아침마다 전쟁입니다. 저도 억지로 학교까지 끌고 가는 게 마음이 편치 않습니다. 다행히 제가 출근이 늦어 아이를 기다렸다가 학교까지 데려다주고 있는데, 언제까지 이래야 하나 생각하면 속이 답답해집니다.

아이가 학교에 가지 않으려고 하니 걱정이 크시죠. 아이가 학교에 적응하지 못하는 것 같아 부모님 마음도 덩달아 불안해지셨을 거예요.

1학년 아이들이 초등학교 정문을 붙잡고 우는 수준의 등교 거부는 학교마다 한두 명씩 있을 정도로 드물지 않은 일입니다. 각 반에도 정도의 차이는 있지만 학교 가는 문제로 아침마다 어려움을 겪는 아이들이 한두 명씩 있어요. 학교에 오는 것을 불안하게 느껴서 어려움을 겪는 경우죠. 1년 내내 그러지는 않을까, 염려되시겠지만 제가 분명히 말씀드릴 수 있는 건 학교에 익숙해지면서 점점 나아지는 문제라는 거예요. 시간이 걸리더라도 결국에는 친구들과 함께 공부하며 편안하게 보낼 수 있으니 너무 걱정하지 않으셔도 됩니다.

그렇다면 아이들은 왜 학교에 가는 걸 거부할까요? 먼저 아이가 기질적으로 불안도가 높을 수 있어요. 1학년 아이들은 모두 학교라는 첫 공간과 낯선 사람들에게 적응해야 하는 과제를 가지고 있습니다. 아이들은 낯선 경험에 대해 기대도 하지만 동시에 걱정과 불안을 가지고 있지요. 아이가 걱정과 불안을 크게 느끼는 기질을 가졌다면, 학교라는 새로운 환경에 적응해야 한다는 불안이 너무 큰 나머지, 학교에 오는 것을 완강히 거부할 수 있습니다.

그리고 아이가 부모, 특히 엄마와 떨어지는 것 자체에 큰 불안을 느끼기 때문일 수도 있습니다. 흔히 분리불안이라고 하죠. 이 분리불안의 원인은 양육 태도와 관련된 경우가 많습니다. 부모가 예고되지 않은 상태에서 아이를 다른 사람에게 맡기고 사라졌다가 다시 나타나기를 반복하거나 아이를 나이에 맞지 않게 어린 영유아 다루듯이 대할 때 분리불안이 생긴다고 합니다. 이 외에도 부모가 큰 병이 있거나 이혼 등 가정 내에 어쩔 수 없는 흔들림이 있을 때도 아이가 부모의 부재를 걱정하며 등교를 거부하기도 합니다. 등교 거부나 분리불안의 원인이 딱 떨어지기보다는 여러 가지가 복합적일 때가 많습니다.

이 시점에서 부모님께 스스로를 탓하지는 마시라고 전하고 싶습니다. 아이가 아직 만 6~7세입니다. 어른들이 도우면 시간이 걸리더라도 결국 나아지는 문제입니다. 중요한 건 분리불안이 왜 생기게 되었는지 가정을 돌아보면서 그 원인을 찾아보고 선생님과 같이 노력하여 아이에게 학교에 가도 괜찮다는 확신을 주는 것입니다.

매년 등교를 거부하는 아이의 부모님께 부탁드리는 네 가지가 있습니다.

1. 함께 있는 시간에는 충분한 애정을 주세요.
2. 헤어질 때 돌아오기로 한 약속 시간을 정확하게 지키고, 평소에도 아이에게 믿음을 쌓아 주세요.
   → 학교와 관련해서는 하교 후 어디에서 몇 시에 만날 것인지 약속하고 정확하게 지키는 것이 필요합니다.
3. 불안감을 높일 수 있으니, 아이 몰래 나갔다 오거나 거짓말을 하며 아이와 헤어지지 마세요.
4. 학교에 대한 불안감을 이해하고 칭찬과 격려를 해 주되, 학교는 당연히 가야 하는 곳이라고 반복적으로 말하는 단호한 태도를 유지해 주세요.
   → 학교 교문에서 단호하게 뒤를 도는 것이 필요하며, 화내는 것이 단호한 태도는 아닙니다. 아이와 대화를 나눌 때 확신 있는 어조로 '네 마음은 알겠

이렇게 가정에서 노력해 주시면, 담임선생님의 노력이 더해져 거의
한두 달 안에 많이 좋아집니다.

마지막으로, 부모님 스스로 자신의 마음을 잘 다독이는 것이 무엇보
다 중요합니다. 아이가 아침마다 학교 안 간다고 사력을 다해 울고 떼
쓰는 상황을 부모로서 견디는 건 정말 힘든 일이에요. 이런 일이 반복
되면 부모도 사람이니 지치고 우울해질 수밖에 없죠. '내 탓인가?' 자
책하는 마음도 들고요. 아이가 학교에 있는 동안 최대한 학교와 거리
를 두고 스스로의 마음을 잘 추스르세요. 만약 심한 우울감을 느끼게
된다면 지나치지 말고 전문의의 도움도 꼭 받으시길 바랍니다.

부모도 초등 학부모가 된 것이 처음이라 서툴고 힘듭니다. 그런데 또
부모라서 마음을 잘 다잡아야 합니다. 아이가 무탈히 성장할 수 있도
록 부모인 내 마음을 다잡고 내일 다시 노력하는 것. 부모이기에 할 수
있고, 또 해낼 수 있습니다.

재미없다는
말을 자주 해요

저희 아이는 사교적인 성격이에요. MBTI에서 E형에 가까운 것 같더라고요. 아이 주위 친구들도 저희 아이랑 놀고 싶어 하고, 인기도 많은 것 같아요. 실제로 노는 모습을 보고 있으면 웃으며 잘 놉니다. 문제는 아이가 초등학생이 되고 나서 갑자기 재미없다는 말을 자주 하기 시작했다는 거예요. 놀이터에서 놀던 아이를 데리고 집으로 갈 때 갑자기 "재미없었어" "별로야"라고 말합니다. 학교에 가서도 마찬가지입니다. 구체적으로 물어보면 얼버무리기만 하고요. 왜 이럴까요?

부모님들이 가장 바라는 건, 학교에서나 친구들 사이에서 아이가 즐겁게 지내는 것인데, 재미없다고 하니 신경이 많이 쓰이실 거예요.

담임을 맡았던 아이들 중에도 그런 경우가 있었습니다. 매년 반에 한두 명씩은 있었던 것 같습니다. 그만큼 특별한 경우가 아니에요. 1학년뿐 아니라 다른 학년에서도 쉽게 들을 수 있는 말이니 우리 아이가 왜 이럴까, 하며 너무 걱정은 안 하셔도 됩니다.

주로 저는 아이에게 직접 듣기보다는 학부모님을 통해서 아이의 마음을 알게 되죠. 그런데 제가 학교에서 아이를 지켜보면 쉬는 시간에 친구들이랑 잘 놀고, 수업 시간에 발표도 씩씩하게 잘하고 정말 잘 지냅니다. 그럼에도 집에서는 재미없다고 했다니 처음에는 담임으로서 좀 의아했죠.

두 가지 요인으로 아이를 이해해 볼 수 있을 것 같습니다. 첫 번째는 주도성의 부족으로, 아이가 놀이에서 만족을 못 하는 것일 수 있습니다. 아이들끼리 어울리는 모습을 보면 놀이를 주로 이끌어 가는 아이가 있고, 그 친구의 의견에 맞추어 같이 노는 아이가 있어요. 이런 주도성은 딱 정해진 건 아니고, 아이가 어울리는 친구마다 상대적으로 반응합니다. 같이 노는 친구가 주로 놀이를 주도하면 아이는 놀이에 만족감을 못 느낄 수도 있습니다.

두 번째는 아이마다 재미있다고 느끼는 정도가 다를 수 있어요. 어른들도 똑같은 경치를 보고 느끼는 정도가 다르듯이, 아이들도 같은 놀이를 하고 웃기도 했지만 좀 더 마음이 요동치며 감정의 크기가 더 커야 '재미있는 것'이라고 생각하는 거죠.

일상에서 소소한 느낌이나 감정에 좀 무딘 편이라면 두 번째에 가까울 것 같고, 노는 친구마다 재미를 다르게 느낀다면 첫 번째에 가까울 것 같습니다. 만약 첫 번째처럼 주도성 부족으로 놀이에 만족이 안 되는 경우는 아이가 친구와의 관계에서 좀 더 배려하고 기다려 주는 성향일 수 있어요.

그렇다면 아이가 재미없다고 하는 게 나쁜 신호는 아니에요. 예전에는 그냥저냥 놀다가, 이제 '재미없다'라고 표현하는 건 자기 주관이 생기고 자신의 마음을 좀 더 뚜렷하게 알게 된 거라 여겨지네요.

생각보다 뒷맛이 개운하지 않은 놀이에 대해서 좀 이상하다, 아쉽다라고 느꼈다면 다음에 그 친구랑 놀 때는 아이가 좋아하는 놀이나 방향대로 이끌어 나가도록 부모님이 격려해 주시고 구체적인 방법을 알려 주시면 좋을 것 같아요.

"저번에는 네가 좋아하는 대로 놀았으니까, 이번에는 이걸로 놀자"라고 제안해 보거나 또는 친구가 너무 자기 마음대로 놀려고 하면 "네 마음대로만 하면 별로 재미없어. 나는 너랑 재밌게 놀고 싶으니까 우리 같이 정하자"라고 얘기하는 걸 부모님과 함께 연습해 보세요.

이런 과정에서 아이는 다른 사람을 기다리는 배려심과 함께 자신의 마음을 잘 전달할 수 있는 방법을 배워 나갈 겁니다.

학교에 친구가
없는 것 같아요

선생님, 아이가 입학한 지 얼마 되지 않아 학교에서 어떻게 지내는지 자주 물어봅니다. 그런데 그때마다 아이가 "노는 친구 없는데" "쉬는 시간에 혼자 그림 그려"라고 얘기합니다. 아무래도 학교에 친구가 없는 것 같아 걱정이 됩니다. 초등학교 저학년은 엄마들이 친구를 만들어 준다는데, 제가 나서야 할지요.

아이들이 학교에 친구 만나러 가는 건데, 친구가 없는 것 같다니 걱정이 많이 되시겠어요. 쉬는 시간에 아이가 혼자만의 시간만 보내고, 아이들끼리 서로 얘기도 없이 있을까 봐 마음도 무거우실 거고요.

입학한 지 얼마 되지 않았다고 하셨죠? 이런 경우 시간차는 있지만 조금만 기다려 주면 삼삼오오 짝을 지어서 어느새 자기 집 앞마당처럼 편하게 잘 놉니다.

다만 누군가와 가까워지는 데 시간이 좀 더 필요한 아이들이 있어요. 흔히 낯을 가린다고 표현합니다. 친해지기 위한 사교적인 행동을 하기 전에 관찰하는 시간이 필요한 것이죠. 입학하고 2~3주 정도는 다른 아이들이 노는 것, 선생님의 성격, 교실의 모습을 파악하다가 친해지고 싶은 아이를 점찍는 경우가 있습니다. 아이가 이런 유형이라면 3월 중순까지 단짝 친구나 가까이 지내는 친구가 안 생겼다고 너무 속상해하지 않으셔도 돼요.

쉬는 시간에 같이 놀기는 하지만 이 친구가 친한 친구냐고 물으면 고개를 젓는 아이들이 있습니다. 담임교사인 제가 보았을 때는 쉬는 시간에 항상 친구들이랑 있는데 집에서는 아무랑도 안 놀았다고 얘기해서 당황하는 경우도 꼭 있습니다.

입학한 지 얼마 안 되었으니, 아이들 모두 서로가 낯선 상황입니다. 친구 관계는 일단 3월까지는 여유를 두고 지켜보시는 것이 좋습니다. 부모님이 아이의 친구 관계에 애가 타 하면 아이는 은근히 압박감을 느끼고 집에서 입을 꾹 다물거나, 반대로 엄마 아빠가 걱정하는 모습이 좋아 더 침울하게 대답하는 경우가 더러 있습니다. 걱정도 부모님의 관심이니, 그 관심이 좋아서 일부러 친구가 없다고 대답하는 거죠.

4월에도 아이가 학교에서 혼자 논다고 계속 얘기한다면 끙끙 앓지 마시고 학교 담임선생님께 도움을 요청해 보세요. 그리고 교실 속 객관적인 상황에 대해서도 한번 들어 보세요.

그 이후에도 아이가 친구 관계를 맺기 어려워한다면, 집에 반 아이들을 초대하든 놀이터로 일부러 나가서 아이들이랑 같이 노는 모습을 봐 주든 키즈카페에 친구들이랑 노는 자리를 만들든 다 좋습니다. 아이에게 친구 사귈 자리를 깔아 주는 것도 필요합니다. 엄마 아빠의 도움이 무작정 나쁜 건 아닙니다. 억지로 친구가 되라는 것이 아니라 자리를 만들어 주는 것뿐이거든요. 물론 초등학교 이후부터는 자리를 만들어 줘도 그 아이들이 '아는 애'를 넘어서 '친구'가 되진 않습니다. 같은 반의 아이들이 '아는 애들'이지만 모두가 마음을 나누는 '친구'는 아닌 것처럼요. 그럼에도 사람이란 자주 보고 자꾸 부대껴야 정이 들고 인연이 만들어질 가능성이 생깁니다. 아이들도 그렇습니다.

그 과정을 지켜보면서 우리 아이가 왜 친구 사귀기를 어려워하는지도 함께 생각해 보세요. 내향적이라 조용한 곳에서 한두 명과 어울리는 걸 좋아하는지, 아니면 어떤 자리에서든 주인공이 되고 싶은데 그게 힘들어 어려움을 겪는 건지 말이죠. 내가 키우는 아이라서 그 속을 제일 잘 알 것 같지만, 또 가장 낯설기도 한 것이 바로 내 자식입니다. 아이들끼리의 모습을 관찰하며 우리 아이가 어떤 관계 맺기를 편안해하는지 이해해 보시고, 아이가 편안해하는 친구 관계를 인정해 주세요.

중요한 건 엄마 아빠가 마음이 쓰이더라도 3월에 관계가 자리 잡을 때까지는 아이를 믿고 지켜봐 줘야 한다는 것입니다. 엄마 아빠가 새로운 직장에 가거나 새로운 사람들을 만나면 그 장소와 사람에 적응할 시간이 필요한 것처럼, 아이도 학교와 반 친구들에게 적응할 시간이 필요합니다.

다른 친구를
자꾸 안아 줘요

저희 아들은 어릴 적부터 낯을 안 가렸습니다. 어릴 때는 인사 잘한다고 주변에서 칭찬도 많이 받고, 친구들과도 곧잘 어울렸습니다. 아이가 크고 놀이터에서 놀기 시작하면서 문제가 생겼는데요. 아이가 친구들과 함께 있다 보면 친구가 너무 좋다고 자꾸 덥석 안아 줍니다. 제가 제일 걱정되는 건 남자아이뿐 아니라 여자아이들도 좋다고 안아 주는 거예요. 옆에서 제가 계속 그러면 안 된다고 하는데도 자꾸 친구를 안아 주더라고요. 제가 너무 민망하고 눈치가 많이 보입니다. 아이가 사람들을 너무 좋아하다 보니 절제가 잘 안 되는 것 같습니다. 다른 아이들이 기분 나빠 할 것 같고 크면서 더 문제가 될 것 같아 지도하려고 하는데 잘 안 됩니다. 어떻게 하면 좋을지 고민입니다.

아이가 사람을 참 좋아하나 봅니다. 어릴 때 인사를 잘하고 표현도 잘하니 어른들에게 예쁨을 많이 받았을 것 같아요. 그런데 아이가 커 가면서 혹시나 다른 친구들이 아이의 표현에 불쾌해하지는 않을까, 걱정이 되시는 거고요.

아이가 이제 초등학생이 되었으니, 사람과 사람 사이에 보이지 않는 경계가 있고 이 경계를 넘어가려면 '동의'가 있어야 한다는 것을 배워야 할 때인 것 같습니다. 아이가 상대방의 동의 없이 신체 접촉을 하려고 할 때 단호하게 그러면 안 된다고 이미 지도하고 계신다고 말씀하셨죠. 지금처럼 상황마다 곧장, 그리고 단호하게 네가 그러면 친구가 불편해하니 안 된다고 얘기하시고, 바로 아이를 잠시 분리하고 멈추게 하는 것이 우선입니다. 중요한 포인트는 어떤 상황에서 안 되는지 아이가 알 수 있도록, 발견한 시점에 바로 분리를 해 주는 것입니다. 이것이 가장 중요한 지도 사항입니다. 이미 하고 계신 것 같아서 이에 대해서는 더 말씀드리지 않겠습니다.

추가로 가정에서 아이를 위해 도움을 줄 수 있는 방법을 말씀드릴게요.

🦵 그림책으로 이야기하기

학교에서 한 아이가 동의 없이 다른 친구를 껴안거나 너무 가까이 얼굴을 가져가서 다른 친구들이 불편해할 때가 있었습니다. 그럼 그다음 날부터 진도를 조절해 그림책 두 권을 별도로 다루곤 했습니다. 두

권의 그림책은 '사람과 사람 사이의 경계 세우기'에 대한 책입니다. 가정에서도 함께 읽어 보면 좋겠습니다.

제이닌 샌더스의 『내가 안아 줘도 될까?』

제이닌 샌더스의 『내가 안아 줘도 될까?』는 비슷한 상황들을 굉장히 구체적으로 다루고 있습니다. 그래서 일상생활 속 흔히 겪는 상황에서 아이들이 어떻게 하면 좋을지 생각해 보게 됩니다.

저는 아이들에게 먼저 이 책을 읽어 주고 앞서 말씀드렸던 것처럼 생활 속에서 곧바로 분리한 뒤 그때그때 이야기합니다. 부모님께서도 사람 사이의 경계나 아동 간의 성에 대한 그림책을 함께 읽으면서 아이에게 왜 그 친구의 행동이 문제가 되는지를 자연스럽게 이야기해 주시면, 아이도 그 친구와의 관계를 본질적으로 생각할 수 있을 겁니다. 내가 그 상황에 있다면 어떻게 해야 할지에 대해 아이와 이야기를 나누기에도 좋습니다!

레이첼 브라이언의 『동의』

다음 그림책은 레이첼 브라이언의 『동의』입니다. 그림체가 단순하지만 중요한 내용들은 쏙쏙 다 들어가 있는 좋은 동화책입니다.

『동의』는 누구도 동의 없이는 나의 몸을 만질 수도, 이래라저래라 할

수도 없고, 내 몸에 대한 결정은 스스로가 할
수 있다는 내용을 담고 있습니다. 어떤 상황이
내 몸의 결정에 대한 것인지 다양한 사례들을
보여 줍니다.

🎭 상황극 연습하기

아이와 부모가 상황극을 통해 연습하는 것도 도움이 됩니다. 아이는
친구를 좋아하는 마음을 말로 어떻게 표현할지 같이 연습해 보고, 부
모는 상대방 아이 역할을 맡아 거절과 허락을 해 보는 각각의 상황을
만들어 줍니다. 그리고 아이에게 잘하고 있다고 격려해 주시면 좋습
니다.

동시에 다음 두 가지 사항을 반복적으로 얘기해 주세요.

① 뽀뽀나 포옹 같은 애정 표현은 가족처럼 아주 가까운 사이에만 하는 것
② 누군가가 좋다면 말로 표현해도 충분하다는 것

이런 과정을 통해서 아이는 사랑이란 내가 원하는 모습으로 건네주
는 것이 아니라 상대방이 원하는 모습으로 건네주는 것임을 배울 수
있습니다. 다른 사람을 이해하는 마음 넓은 어린이로, 더 큰 사랑을 나
눠 주는 사람으로 성장하기를 바랍니다.

5

아침마다
전쟁이에요

저희 아이는 학교 가야 하는 아침 시간에 자꾸 딴짓을 해요. 보다 보다 못해 따라다니면서 얘기하면 5분, 10분 남기고 겨우겨우 준비합니다. 매일 아침 큰소리가 오가요. 2학기에는 다시 일하려고 하는데, 아이가 이렇게 아침마다 힘들게 하니 고민이 됩니다. 아이를 학교에 보내고 나면 완전히 진이 빠져요. 아침을 기분 좋게 시작하고 싶은데 어떻게 해야 할지 모르겠습니다.

아이가 아침에 학교 갈 준비 할 때 집중하지 않고 딴짓을 하다 보니 답답한 순간들이 여러 번 있었을 것 같습니다. 사실 눈앞에 보이는 아이의 행동 때문에 답답한 것보다도 엄마가 일하게 되면 지금처럼 챙겨 줄 수 없는데, 앞으로 아이 혼자 잘 준비할 수 있을지 걱정되는 마음이 더 크실 것 같아요. 이럴 때는 아이의 성격에 따라서 대응 방법이 달라져야 합니다.

⁙ 행동이 느린 편인 아이

혹시 유난히 행동이 느린 아이라면, 일부러 딴청을 하는 것이 아니라 준비하는 과정까지가 실제로 오래 걸리는 것입니다. 아침에 일어나서 정신을 일깨우는 데에 시간이 필요한 것이죠.

이런 아이들은 아침의 몽롱한 상태에서 깨는 것이 오래 걸려 축축 늘어질 수 있으니 바로 몽롱한 기운을 없애 주어야 합니다. 밥을 먹으면서 정신이 들도록 하거나, 물을 마시고 차가운 공기를 쐬게 하는 등 촉각적인 느낌을 일깨워 주면 아이는 평소의 속도만큼 회복이 됩니다.

⁙ 할 일을 뒤로 미루는 아이

그동안 다니던 어린이집, 유치원, 학교 상담에서 뭐든 잘하려 노력하는 아이라는 이야기를 들은 적이 있나요? 또는 부모로서 아이를 보았을 때 잘하려는 욕구나 다른 사람(특히 선생님, 친구들)에게 잘 보이려는 욕구가 큰 아이인가요?

그렇다면 이미 늦지 않아야 한다는 생각은 강하게 있을 겁니다. 부모가 준비해야 한다고 다그치는 대신 아이를 그냥 두는 것이 더 좋은 방법일 수 있습니다.

고민 글을 보니, 아이의 준비 시간이 최소한 5~10분 정도인 것 같습니다. 그러면 나가야 하는 시간 10분, 15분 전에 차례로 시계나 휴대폰으로 알람을 맞춰 주세요. 그리고 이렇게 말해 보세요.

"이제 엄마가 알람을 맞춰 둘 거거든? 첫 번째 알람이 울리면 슬슬 준비를 시작해야 한다는 뜻이야. 두 번째 알람이 울리면 지금 준비 안 하면 늦는다는 뜻이고."

군이 엄마가 잔소리하며 불필요한 감정을 섞는 것보다 아이가 알람에 따라 아침 루틴을 잡을 수 있게 해 주시면 좋습니다. 아이는 첫 번째 알람이 울릴 때보다 두 번째 알람이 울려야 준비를 시작할 겁니다. 그렇지만 막 급하게 준비를 해도, 하긴 한 셈이죠.

아이가 여유 있게 척척 준비를 하고 남는 아침 시간에 천천히 책 읽다가 우아하게 학교 가는 모습을 기대하는 건 우리 어른들의 욕심일지도 모릅니다. 아이가 늦지 않는 것을 목표로 잡았다면 그 안에서 어떤 순서로 행동하는지, 몇 시에 준비를 시작하는지는 눈감아 줘야 합니다. 최소한의 약속만 해 두고 알람을 세팅해 놓으면, 나중에 부모가 직장을 나가게 되어 챙겨 주지 못한다 해도 아이는 익숙하게 움직일 수 있습니다.

가장 중요한 것은 적어 주신 대로, 아이를 포함한 모든 가족이 기분 좋게 아침을 시작하는 것입니다. 가슴속 답답함을 꾹 누르고 아이를 채근하는 언행은 안 하는 것이 바람직합니다.

그 시간에 차라리 아침 설거지, 청소 같은 다른 집안일이나 소일거리를 해 보시길 추천합니다. 아이를 따라다니며 보고 있으면 자신도 모르게 잔소리가 나올 수 있습니다. 답답함에 화도 나겠지만, 아이가 자랄 수 있는 빈 공간을 마련해 줘야 그만큼 더 성장할 수 있다 생각하시고 아이에게서 반 발자국 정도만 떨어져 지켜봐 주세요.

그러다 어떤 날은 속이 터져 도저히 못 참고 잔소리를 좀 해도, 어떤 하루는 아이와 지지고 볶으며 아침을 시작했다고 해도 아이는 잘 자랄 겁니다. 부모는 아이와 일상을 함께하는 존재이기에 완벽한 모습만 보여 줄 수 없습니다. 어른으로서 좋은 방향성을 보여 주는 것으로 목표를 잡고 아이와 일상을 함께하세요. 그렇게 조금씩 조금씩 부모의 손을 떼는 연습을 한다면 충분합니다.

아이가 집중을 못 한다는 이야기를 들었어요

며칠 전에 아이의 담임선생님께 연락을 받았어요. 상담 도중에 선생님께서 저희 아이가 수업에 집중하는 걸 어려워하고, 앉아 있기도 매우 힘들어한다는 이야기를 하셨어요. 또 학교에서 해야 할 일에 집중하지 않고 주변 친구들에게 자꾸 말을 걸고 건드린다고 말씀하시더라고요. 마음이 무너져 내립니다. 아이가 집에서도 가만히 앉아 있지 못하고 돌아다니고, 유치원에서 많이 활발하다는 얘기를 듣긴 했었는데, 학교에서 그렇게까지 할 줄은 몰랐어요. 담임선생님께서 전문가를 찾아가 보는 걸 권유하셨는데 어떻게 해야 할까요?

전화를 받고 마음이 많이 무거우셨을 것 같습니다. 담임선생님에게 아이 정서에 대한 전문가를 만나길 권유받았다면 진지하게 아이에게 어떤 어려움이 있는지 알기 위해서라도 한번 찾아가 보시는 것이 좋습니다.

최근의 학교에는 여러 사건들로 인해 학부모에게 아이의 단점과 어려움에 대해서 말하기 참 조심스럽고 어려운 분위기가 있습니다. 아이의 어려움을 말씀드리면, 지적받았다고 오해하여 불쾌하게 여기거나 기분 나빠하는 분들도 계십니다. 그러다 보니 학교 현장에서 담임선생님은 아이의 어려움을 학부모에게 사실대로 이야기하기가 점점 더 어려워지고 있습니다.

그런 상황에서도 담임선생님이 조심스럽게 의견을 전하셨다는 것은 진지하게 고민해 볼 필요가 있다는 의미입니다. 부모는 보통 자녀의 생활적인 부분을 주로 보게 되는데, 사랑하는 자녀에 대한 것이라 객관적으로 바라보기 어려운 경우가 많죠. 반면, 교사는 학습적인 부분에서 또래 아이들과의 비교를 통해 아이를 관찰하는 교육 전문가입니다. 상대적으로 조금 더 객관적으로 아이를 지켜보는 위치에 있지요. 아주대 정신의학과 조선미 교수도 『조선미의 초등생활 상담소』에서, 이러한 이유로 소아정신과 의사나 임상심리학자와 같은 전문가들이 부모와 교사의 의견 중에서 더 객관적인 교사의 의견을 중요하게 참고한다고 말했습니다.

담임선생님에게 이러한 이야기를 반복해서 들으신다면, 병원이나 발달센터에서 '풀배터리 검사'를 받아 보는 것을 권합니다. 풀배터리 검사는 다양한 심리검사들이 묶여 있는 종합심리검사라고 할 수 있습니다. 검사를 진행하는 기관마다 종합심리검사 안에 넣는 검사 종류가 조금씩 달라질 수 있지만, 웩슬러지능검사(WPPSI), 다면적인성검사(MMPI), 문장완성검사(SCT), 로르샤흐검사(Rorschach)를 주로 포함하고 그 밖에도 여러 보조 검사들을 함께 진행합니다. 부모님들은 여러 심리검사 결과와 그 해석을 바탕으로 지능, 성격, 인성, 정서 등 아이의 현재 상황을 정확하게 알 수 있습니다.

최근에는 우리 아이를 정확하게 알고 싶어 하는 부모님들이 늘고 있어 주변에서 검사를 권유받지 않아도 먼저 기관을 찾아가 풀배터리 검사를 받는 분들도 꽤 많습니다. 실제로 풀배터리 검사를 받으려면 웬만한 기관에서는 두세 달 대기를 해야 가능합니다.

위의 사례처럼 ADHD에 대한 걱정이 있다면 여러 기관을 다니지 마시고, 곧바로 소아정신건강의학과로 가셔서 풀배터리 검사를 받는 것이 좋습니다. 정식 ADHD 진단은 의료면허를 가진 의사에게 받을 수 있습니다. 두세 개의 기관을 거치면서 여러 번 다양한 검사를 받으면, 검사의 정확도가 떨어집니다. 검사도 학습이 되기 때문입니다.

혹여 아이에 대해 기록이 남지는 않을까, 아이가 낙인찍히는 게 아닐까 싶어 망설이는 분들이 있습니다. 아이가 받은 검사는 학교에 따로 기록이 남지 않습니다. 지금은 굉장히 큰일처럼 느껴지겠지만 나중에 아이가 잘 자라고 나면 '옛날에 그랬었지' 하는, 그저 부모로서 애썼던 기억이 될 겁니다.

아이도 잘해 보려고 하는데, 무언가에 어려움이 있어서 잘 안 될 수 있습니다. 그때의 좌절감을 어른들은 잘 모릅니다. 아이만 온전히 느끼고 있습니다. 그러나 아이는 무엇이 문제인지 어떻게 하면 되는지 알지 못하기에 부모에게 도움을 요청하기도 어렵습니다. 아이가 스스로도 콕 집어서 말할 수 없는 어려움은 어른들이 세밀하게 지켜보며 찾아봐 줘야 합니다.

검사 결과는 가정 내에서 이루어졌던 아이 훈육 및 지도에 많은 참고가 될 수 있습니다. 만약 검사 결과에 따라 소아정신건강의학과 의사 선생님이 치료가 필요하다고 진단을 내린다면 행동 치료, 환경 수정, 약물 치료 등을 통해 치료받으면 됩니다.

또한 검사 결과지를 담임선생님에게도 보내 아이에 대해 부모와 교사가 같이 이해할 수 있는 기회를 가지면 선생님도 아이를 더 자세히 알 수 있고 학교에서 지도하는 데에 큰 도움이 될 수 있습니다.

학교 얘기를
통 안 해요

저희 아이는 남자아이예요. 그런데 학교에 대한 얘기를 통 하지 않아요. 다른 집 아이들은 집에 오면 부모가 묻기도 전에 학교에서 있었던 일, 선생님께서 말씀하신 사소한 일화들까지 하나하나 다 얘기한다는데, 저희 아이는 묻기 전에는 입을 꾹 다물기만 해요. 중요한 소식들은 같은 반에 있는 여자 친구 엄마한테 건너 듣고 있는데, 아이를 가르치는 교과 선생님이 다른 분으로 바뀌었다는 얘기도 그 엄마한테서 들었어요. 왜 전혀 얘기를 안 하는지 정말 답답할 지경이에요. 학교에 대해서 물어보면 "재밌었어", 뭐가 재밌었냐고 물어보면 "다 재밌었어", 구체적으로 물어보면 엄청 귀찮다는 듯 "몰라"라고 답합니다. 이야기하면 할수록 제자리를 빙글빙글 도는 것 같습니다. 아이와 어떻게 이야기를 해야 하는지 잘 모르겠습니다.

학부모 상담을 하다 보면 꼭 한 번씩 듣는 고민입니다. "남자아이라 말이 없어서 그런 거 아니야?"라고 하실 수 있겠지만, 초1 남자아이들 중에도 학교 관련 이야기를 잘하는 아이들이 꽤 많습니다. 반대로 여자아이들 중에서도 정말 특별한 일이 아니면 부모님께 학교에서 있었던 일이나 친구 이야기를 하지 않는 아이들도 있답니다. 남자, 여자를 떠나서 학교에 대한 이야기를 부모님과 잘 나누지 않는 아이들이 있는 거죠.

이런 아이들을 자녀로 둔 부모님은 주로 아래와 같은 고민을 하게 됩니다.

'학교에서 잘 지내고 있는 건가? 별일 없는 건가? 아이와 얘기하다 보면 내가 자꾸 캐묻게 되는 거 같은데……. 이게 맞나? 혹시 학교가 재미없나?'

학부모 상담 때 이런 고민을 갖고 계신 학부모님께 제가 "가정에서 학교 얘기는 어떻게 하는지 궁금하네요. 윤진이가 뭐라고 하던가요?"라고 여쭈어보면 이렇게 말씀하세요.

"선생님, 사실 윤진이가 학교 얘기를 특별히 잘 안 해요. 그냥 재밌다고만 하고 다른 말은 안 하더라고요. 저도 윤진이가 학교에서 어떻게 지내는지 궁금하네요."

그 대답 속에 담긴 부모님의 답답함이 느껴지시죠? 왜 학교 얘기를 안 하는지에 대한 이유는 각양각색입니다. 먼저 타고난 성격 자체가 말을 많이 하는 걸 별로 좋아하지 않을 수 있습니다.

두 번째로는 아이가 생각하기에 정말 특별한 일이 없기 때문에 얘기할 거리가 없다고 느낄 수 있습니다. 별일 없이 똑같이 수업을 들었는데 자꾸 무슨 일 있었냐고 물어보니 아이 입장에서는 답답할 노릇입니다.

마지막으로, 표현이 미숙하기 때문일 수 있는데요. 아직 초등학교 1학년이기 때문에 자신의 일상을 조리 있게 묘사하여 표현하는 것이 어렵습니다. 머릿속에는 학교의 일상이 그림처럼 지나가긴 하는데, 뭐라고 말해야 할지 모르겠으니 "재밌어"라고 얼버무리는 것이죠.

이럴 때 아이의 말꼬리를 잡는 것처럼 부모님이 계속해서 캐물으면 아이는 말하는 것에 더욱 어려움을 느끼게 됩니다. 만약에 간혹 나오는 학교에 대한 이야기가 친구의 괴롭힘, 학교 공부의 어려움처럼 부정적인 이야기뿐이라면 당연히 부모님이 개입해서 더 자세한 이야기를 들어야 합니다. 그러나 '좋았어' '재밌었어' '그냥' '다 재밌어' 이런 식으로 뭉뚱그려 대답한다면 꼬치꼬치 묻는 것은 아이의 말문 열기에 더 부담을 줄 수 있습니다.

자연스럽게 아이와 대화를 나눌 수 있는 두 가지 방법을 이야기해 보겠습니다.

아이와의 대화도 '주고받는' 것: 나의 일상을 먼저 얘기하기

우선 부모인 나의 일상을 먼저 이야기하는 것이 가장 중요합니다. 부모가 간과하기 쉬운 점은 자녀도 '대화'를 나누는 상대라는 것입니다. 대화는 흔히 '마주 대하여 주고받는 이야기'라고 정의합니다. 자녀와의 대화에도 마주 대하여 주고받는 이야기가 있어야 합니다.

그동안 무심코 일방적으로 아이에게 묻기만 하지는 않으셨나요? 그렇다면 아이는 대화를 한다고 느끼기 어렵습니다. 부모님이 나에 대해서 관심을 가지고 있다는 것은 느끼지만, 함께 이야기를 나눌 상대로 여기지는 않는 겁니다. 그래서 아이와 대화 중에는 부모인 내가 먼저 이야기를 건네주어야 합니다.

엄마(또는 아빠)가 자신의 하루에 대해 자연스럽게 이야기하고, 그에 대한 엄마의 생각과 느낌도 아이가 알아들을 수 있도록 나이에 맞게 표현해 주시면 좋습니다. 그러면 아이 입장에서는 일방적으로 엄마가 나에 대해 꼬치꼬치 캐묻는다는 느낌이 덜할 수 있고, 아이도 이런 일이 있었다고 반응하며 대화하기 쉬워집니다.

"엄마가 오늘 집에 오는데 신호등이 딱딱 맞춰 켜진 거 있지? 그래서 엄마 기분이 좋았어! ○○이도 오늘 학교에서 기분 좋았던 일 있었니?"

엄마의 하루와 그에 대한 느낌을 들려주면서 서로 나눈다는 것을 알 수 있도록 하면 원활한 대화가 되지요. 거기에 큰 반응이 있으면 서로가 더 말할 맛이 납니다. 어른들도 반응이 좋은 사람과 이야기하면 말하기 편한 것처럼요.

⁞ 질문은 아이의 입장에서

대화의 물꼬를 틀 때는 아이의 입장에서 질문해 주세요. 학교생활이 궁금한 부모님은 아이에게 이렇게 질문하기가 쉽습니다.

"학교 재밌어?"

"요즘 뭐 배워?"

"요즘 누구랑 놀아?"

그런데 이 말을 어른들 버전으로 바꾸면 이렇게 됩니다.

"요즘 애 키우는 거 어때?"

"요즘 뭐 해?"

"누구랑 일해?"

이 질문, 어떠세요? 뭐라고 대답하면 좋을까요?

"그냥 뭐 똑같지……."

"맨날 하던 거 하지."

"저번에 말했잖아, 김 대리랑 일한다고. 똑같지 뭐."

워낙 말을 잘하고, 표현력이 좋은 사람들이야 "요즘 일 어때?" 하는 질문에도 술술 이야기하겠지만, 대부분은 저 일반적이고 모호한 질문에 "똑같지, 뭐" 하는 대답을 하기 쉽겠죠.

아이도 똑같습니다. 질문이 너무 모호하거나 범위가 넓으면 대답하기가 어려워요. 아이의 입장에서 오늘 하루 있던 일과 관련된 것, 그리고 아이가 대답하기 쉬운 질문들을 건네주세요.

질문의 힌트는 학교 선생님이 보낸 알림장이나 주간학습안내 내용을 참고할 수 있어요. 예를 들어 주간학습안내에 '친구에게 가족 소개하기'가 있었다면 '오늘 가족 소개 카드 만들었다고 그러던데, 우리 가족 중에 누구 적었어? 엄마도 소개해 줬어?'라고도 말할 수 있겠죠. 여러 가지 응용 질문이 있습니다.

"선생님이 알림장에 스케치북 가져오라고 적어 주셨던데, 우리 스케치북 어떤 것 가져갈까?"

"가방에 보니까 종이접기 한 거 있던데, 지난번 종이접기보다 훨씬 잘 접었더라! 어렵지는 않았어?"

"준비물로 가족사진이 있던데, 가족사진은 어디에 쓴다고 하셨어?"

학교 일상과 관련된 구체적인 대화 주제들은 아이도 대답하기 편해합니다. 또 얘기하다 보면 교실 속 상황과 수업 내용이 다시 떠올라 학교 수업을 위한 준비와 복습도 저절로 됩니다.

다만 디테일한 대화 속에서 주의할 점이 있는데요. 준비물이나 숙제, 선생님의 전달 사항 등을 아이가 잘 모른다고 해서 핀잔을 주면 안 된다는 점입니다. 우리의 목적은 아이의 학교생활에 대해 알고 아이와 소통하기 위함이지 아이의 학교생활을 검사하려는 것이 아님을 염두에 둔다면 아이는 시간이 갈수록 좀 더 많은 이야기를 들려줄 겁니다.

요즘 엄마, 요즘 아빠를 위한 초등 1학년 입학 준비

초판 1쇄 펴낸날 2024년 12월 31일
지은이 이진영
펴낸이 허주환

총괄 김현지 **편집** 임소정 전다영 **객원 편집자** 주진형
마케팅 윤유림 **제작** 이정수 **디자인** 곰곰사무소

펴낸곳 ㈜아이스크림미디어
출판등록 2007년 3월 3일(제2011-000095호)
주소 13494 경기도 성남시 분당구 판교역로 225-20(삼평동)
전화 031-785-8988 **팩스** 02-6280-5222
전자우편 books@i-screammedia.com
홈페이지 www.i-screammedia.com
인스타그램 @iscream_book **블로그** blog.naver.com/iscream_book

ISBN 979-11-5929-381-8 13590